Spring Edition
2023 vol.60

CONTENTS

| 封面攝影　回里純子
| 藝術指導　みうらしゅう子

用手作展開新生活

作品 INDEX

此符號標示的作品，代表「可自行下載＆列印含縫份紙型」。詳細說明請至P.62確認。

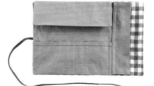

4

No.24
P.36・印度刺繡緞帶耳環
作法｜P.86

No.23
P.36・印度刺繡緞帶髮帶
作法｜P.87

No.21
P.34・白花三葉草手鞠針插
作法｜P.92

No.20
P.33・紫陽花刺繡口金包項鍊
作法｜P.89

ZAKKA&ETC...

No.45
P.54・口金波奇包
作法｜P.83

No.31
P.45・鯉魚旗L・M・S
作法｜P.100

No.30
P.・44・復活節彩蛋
作法｜P.105

No.29
P.・42・刺子繡家事布～櫻花
作法｜P.42・103

No.27
P.37・兔子眼罩
作法｜P.97

No.26
P.37・抱枕套
作法｜P.96

No.25
P.37・兔子玩偶
作法｜P.111

No.35
P.49・蝸牛針插
作法｜P.104

No.34
P.48・文庫本書套
作法｜P.78

No.33
P.47・母親節圍裙
作法｜P.106

No.32
P.46・康乃馨
作法｜P.105

No.42
P.53・餐具收納盒
作法｜P.65

No.41
P.53・布提籃S・M
作法｜P.111

No.40
P.53・花朵茶壺墊S・M
作法｜P.81

No.39
P.53・葉形午茶墊
作法｜P.65

直接列印含縫份紙型吧！

本期刊登的部分作品，
可以免費自行列印含縫份的紙型。

☑・不需攤開大張紙型複寫。

☑・因為已含縫份，列印後只需沿線剪下，紙型就完成了！

☑・提供免費使用。

進入
"COTTON FRIEND PATTERN SHOP"

https://cfpshop.stores.jp/

※QR code 與網址也會標示於該作品的作法頁中。
P.62 刊有詳細的下載方法。

現在好想要，立刻就想作！

方便好用的布包

到了迎來溫暖陽光的邀請，能快樂散步或外出的季節啦！
要不要來製作為此講求「實用性」的布包呢？

攝影＝回里純子　造型＝西森 萌　妝髮＝タニ ジュンコ　模特兒＝ケルク ハナ

注意內口袋！
內口袋＆滾邊使用與提把同款的疊緣，作出恰到好處的點綴。

優秀的便攜性
使用疊緣製作提把，不但容易拿起整個水瓶袋，也將成為設計焦點。

No.01至02創作者
布包作家・赤峰清香
@sayakaakaminestyle

No.01

ITEM｜便當袋
作 法｜P.66

拉緊袋口的束口繩就會變成圓滾滾的形狀，不束起直接使用則是基本款托特包的小型提袋。除了裝便當，作為散步包也是很好用的尺寸。

No.02

ITEM｜水瓶袋
作 法｜P.67

享受和No.1一套樂趣的水瓶套。綁繩還裝上了繩釦，可藉此完整地閉合束口布口。

〔No.01・02共通〕　表布＝10號帆布石蠟加工（#1050 2沙礫米）／富士金梅®（川島商事株式會社）
　　　　　　　　　疊緣＝斜紋（Blue）／FLAT（田織物株式會社）
〔僅No.01〕　　　裡布＝11號帆布（#5000 89 Princess Blue）／富士金梅®（川島商事株式會社）
〔僅No.02〕　　　綁繩＝蠟繩中號（RCC-30 #3 原色）／INAZUMA（植村株式會社）

No.03創作者

布包講師・冨山朋子

@popozakka

含帶D型環與問號鉤

使用了防止袋口外擴的問號鉤。將提把＆貼邊一起以鉚丁固定住，可防止扣起問號鉤時，使貼邊向上掀起。

肩帶長度52cm

肩帶使用堅固有硬度的織帶，增添高級感。設計成無論是手提或肩背都恰到好處，方便使用的長度。

COLONIAL CHECK條紋布料

特選配布製作的口袋，是以家飾布特有的適當厚度＆洗練的直條紋呈現優質品味。在口袋口接縫1cm寬的皮布，則展現收斂的效果。

No.03

ITEM ｜工具包
作 法 ｜P.68

側身15cm、大容量、超多口袋！要攜帶許多物品時，會覺得有它太好了的工具包。考慮側背時的舒適度，靠身體側的口袋作成無褶襇的平面式，用巧思讓攜帶感受更完美。

配布＝棉布（Merpal 1）／ COLONIAL CHECK
表布＝棉帆布11號 上漿（ #2200 41 deep ocean）
裡布＝棉厚織79號（#3000-3 原色）／富士金梅®川島商事株式會社

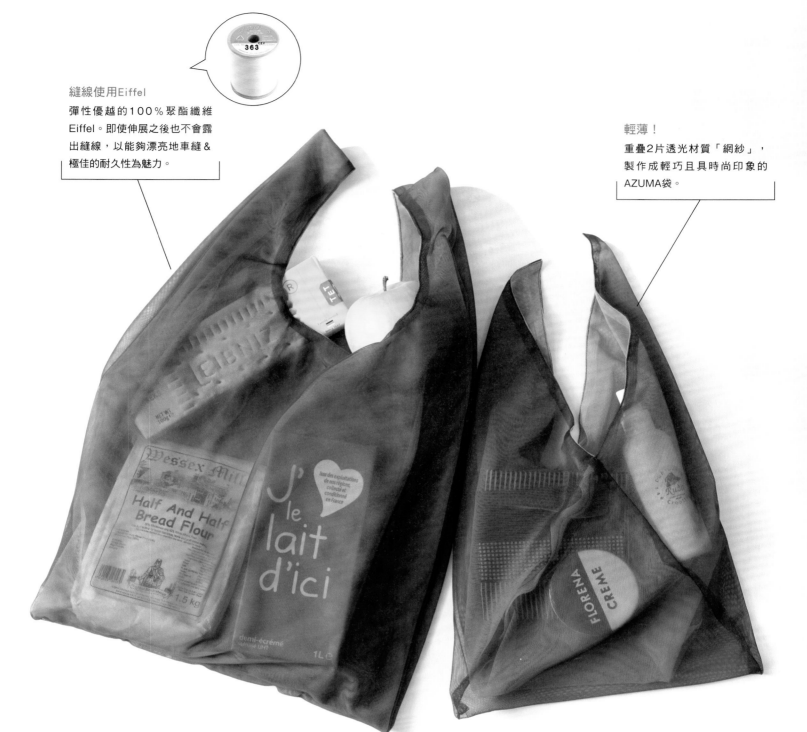

縫線使用Eiffel
彈性優越的100％聚酯纖維Eiffel。即使伸展之後也不會露出縫線，以能夠漂亮地車縫＆極佳的耐久性為魅力。

輕薄！
重疊2片透光材質「網紗」，製作成輕巧且具時尚印象的AZUMA袋。

No.04・05創作者
創作家／Kurai Miyoha
@kurai_muki

No.04

ITEM｜環保袋
作 法｜P.85

重疊藍色與灰色的2片網紗，製成可小巧摺疊的輕薄環保袋。使用聚酯纖維材質的線，以家用縫紉機也能夠漂亮地車縫紗布。

No.05

ITEM｜吾妻袋
作 法｜P.73

為了到達旅遊＆外出目的地時，方便分類取放行李等狀況，製作一個「帶上它一定有幫助」的AZUMA袋吧！此設計是裝入物品時穩定性高的極佳大小。

No.06

ITEM｜橫直兩用隨身手機包
作 法｜P.70

用過一次就會讓人愛不釋手的
人氣手機斜背包。內有可收納
卡片、零錢及車票等小物的口
袋。肩帶使用市售品也OK。

No.06創作者

縫紉作家・加藤容子

📷 @yokokatope
著作有《使い勝手のいい、エプロンと小物
（暫譯：方便好用的圍裙＆小物）》、《今
日作って明日着る服（暫譯：今天作明天穿
的服飾）》Boutique社好評發售中。

L形接縫的拉鍊

呈L形接縫的雙開拉鍊，可大大
地展開。背面則有拉鍊口袋。

直向橫向都通用！

共在3處縫上D型環，只要改變背帶扣法，直向橫向都適用的優秀
好物。

縮短製作時間！
如果使用只需接縫於本體就完成的後背包專用背帶，製作就會變得很輕鬆。

後背包背帶＝後背包背帶型提把（YAT-1031 #3 象牙色）／ INAZUMA（植村株式會社）

3處拉鍊
拉鍊全部共有3處。不但方便物品進出，也是包體的設計焦點。

No.07

ITEM｜休閒後背包
作 法｜P.72

設計成不過分休閒，成年人背也好看的後背包。除了可挑選喜愛的印花布，使用素色布來製作也相當漂亮。表布推薦選用牛津布～11號帆布左右厚度的布料。

製作＝竹林里和子

ITEM｜拉鍊包
作 法｜P.74

雙開拉鍊的接縫是配合從提把延伸至
本體的設計。側身寬達10cm，無論
是穩定性或容量都滿分，短程外出時
使用或作為備用包都非常推薦。

製作＝小林かおり

可調節長度
雖然不多，但可從兩個四合釦
擇一固定，調整提把長度。

大大展開！
雙開拉鍊式的優點，就是可迅
速地大大敞開包口。

塑膠四合釦（無需工具型）的固定方式

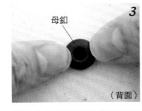

從上方以雙手將母釦垂直下
壓，直到發出啪擦的聲音即固
定。公釦側也以相同方式安
裝。

母釦
3
（背面）

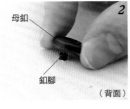

釦腳朝上，放置在平坦的位
置，將釦腳插入母釦的洞中。

母釦
2
釦腳
（背面）

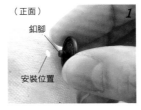

以錐子在安裝位置打洞，將四
合釦面釦的釦腳從布料正面側
插入。

（正面）
1
釦腳
安裝位置

準備1組凹側及1組凸側。

面釦　凹側
釦腳　母釦
面釦　凸側
釦腳　公釦

手壓式塑膠四合釦
薄款・金屬色
無需針線或工具，徒手就能安裝
的四合釦。

手壓式塑膠四合釦・薄款・金屬色
14mm古董金（SUN17-123）／清原
株式會社

BAG with my favorite STORY

赤峰清香的布包物語

以閱讀及欣賞電影作為興趣，並用來轉換心情的布包作家赤峰清香老師，將在每一期伴隨親筆寫下的感想文，向大家介紹想要推薦的書籍或電影，並製作取其內容為創作意向的設計包款。請和介紹的書籍一同享受企劃主題「布包物語」。

攝影＝回里純子　造型＝西森萌
妝髮＝タニ ジュンコ　模特兒＝ケルクハナ

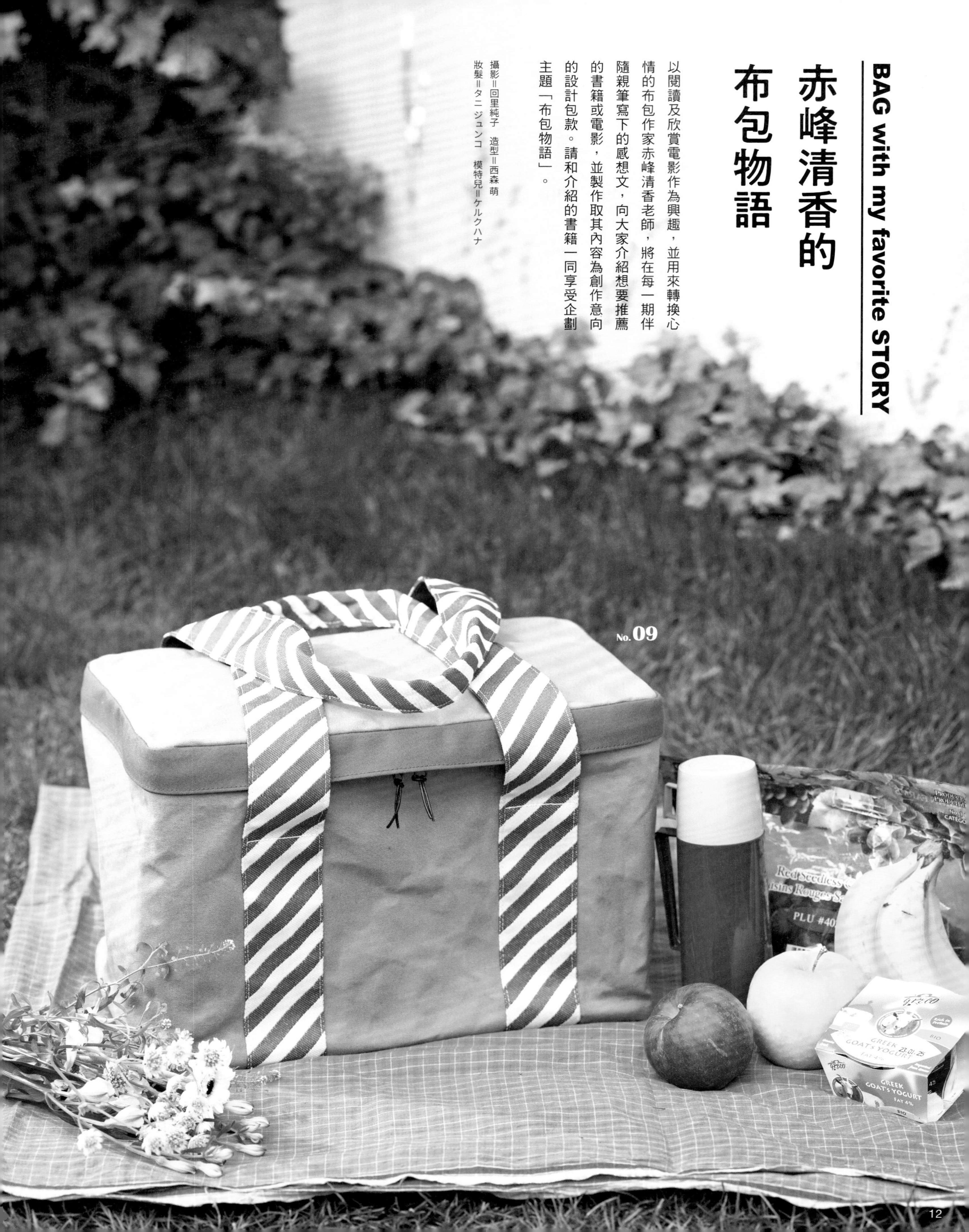

No.09

使用2條長45cm的線圈拉鍊，製作能雙向
開啟的拉鍊。包體＆袋蓋的裡布皆使用保
溫保冷材質。

肩帶使用了赤峰小姐設計的「斜
紋」疊緣。肩背也OK的長度，相
當便利。

No.09

ITEM | 食物外攜袋
作 法 | P.76

方便運送食材及料理的保溫保冷材質拉鍊袋。尺寸針對購物時的實用性，滿足
肉類或魚類的托盤可平放的底部大小、牛奶罐無需橫放的高度等細節，都是此
作品的魅力。

表布＝10號帆布石蠟加工（＃1050 3米色）
配布＝11號帆布（＃5000 18綠色）／富士金梅®（川島商事株式會社）
疊緣＝斜紋（綠色）／FLAT（田織物株式會社）

※暫譯：莫內花園與食譜

《モネ庭とレシピ》 林 綾野◎著 講談社

我啊，總有一天一定要去吉維尼。因為那裡是藝術家
克洛德‧莫內的終老之處。雖然我並不精通繪畫，但
幾年前，受到原田マハ的小說影響，對莫內產生了興
趣。當時在某個書店偶然看到了《モネ庭とレシピ（暫
譯：莫內花園與食譜）》。

首先，這個寂靜的封面，你不覺得實在很美麗嗎？這
也是理所當然的，因為使用了莫內的畫啊！在林綾野
的這本書中，介紹了莫內的作品、庭園、日常生活方
式，以及吉維尼的風貌。同時也收錄了莫內的手譜及
能欣賞其作品的美術館資訊。由於不只有文章，還穿
插了可愛的插圖及照片，因此可以毫不厭倦地一口氣
閱讀到最後。對吃很講究的莫內，據說將喜愛的食譜
整理成了多達6冊的筆記。以這些食譜為基礎，運用
日本容易取得的食材重現的餐點，每道都看起來漂亮
又美味。若想一窺莫內生活，本書絕對推薦！

我最愛的，是介紹部分莫內信件及語錄的部分。其中
可見莫內是如何喜愛著庭園的植物與飲食……能讓人
切身地感受到莫內平穩溫柔的性格。雖然臨死之前說
的話稍微讓人感傷，但這幾頁無論閱讀幾次都能讓人
感到溫暖。

此次從這本書聯想到的食物外攜袋，靈感來自重視吉
維尼餐桌的食譜，那看起來是很適合家庭派對的料理
呢！我遐想著保養廣大庭院植物的莫內，思考以素和
的泥土色與鮮豔的綠色配色來製作；袋口設計式拉鍊
式，裡布則採保溫保冷材質，應該是能夠好好保護料
理及甜點的布包吧！

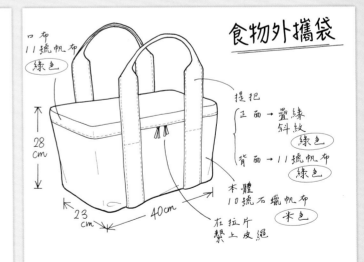

食物外攜袋

口布
11號帆布
綠色

提把
正面→疊緣
斜紋
綠色
背面→11號帆布
綠色

28cm

本體
10號石蠟帆布
米色

23cm 40cm

在拉片
繫上皮繩

profile 赤峰清香

文化女子大學服裝學科畢業。於VOGUE學園東京、橫濱
校以講師的身分活動。近期著作《仕立て方が身に付く手
作りバッグ練習帖（暫譯：學會縫法 手作包練習帖）》
Boutique社、《きれいに作れる帽子（暫譯：作漂亮的帽
子）》主婦與生活社，內附能直接剪下使用的原寸紙型，
因豐富的步驟圖解讓人容易理解而大受好評。
http://www.akamine-sayaka.com/
@sayakaakaminestyle

現在才知道？正因「現在」才更需要!? 手作，基礎中的 基礎

大家的手作經歷有幾年呢？以本次的特集重新確認「手作的基礎」，更新現有的工具＆知識吧！無論是似懂非懂的知識，或最新的產品趨勢，「知道」後，或許就能更加地享受手作樂趣。

1. 此時此刻！推薦的針線盒

裁縫工具隨著不斷進化，也變得越來越好用。

雖然長年一直使用慣用的工具也很棒，但何不趁此機會重新審視針線盒的內容物？

COTTON FRIEND編輯部嚴選！

終極針線盒

零食空盒或木盒、橢圓木盒等，針線盒如果是喜愛的盒子，縫紉時光就會變得更有樂趣。

4. 記號筆（自動筆款）
9. 不鏽鋼直尺15cm
1. 布剪
3. 紙剪
5. 記號筆（麥克筆款）
8. 方格尺50cm・30cm
15. 鬆緊帶穿引器
14. 手縫線
11. 珠針
16. 強力夾
20. 熨斗用止滑定規尺
2. 小剪刀
7. 錐子
19. 滾輪骨筆
13. 手縫針
18. 滾邊器
6. 骨筆
21. 桌上型穿線器
17. 頂針
10. 捲尺
12. 針插

攝影＝腰塚義・藤田律子　排版＝松本真由美

3. 紙剪

如果用布剪來剪紙或鬆緊帶等非布料材質，就會折損刻意維持的銳利度。因此請另備一把用於勞作等方面的剪刀吧！

2. 小剪刀

縫紉剪刀115（11.5cm）／
Clover（株）

小型剪刀，從縫份剪牙口這類的精細工作，到剪線都能使用，非常方便。

1. 布剪

Sewline裁縫剪刀（210mm）／
（株）Westek

剪刀建議選擇輕巧不易生鏽，方便保養的不鏽鋼材質。圖中的剪刀可重複研磨使用，因此能常保銳利。

7. 錐子

錐子／Clover（株）

可拉出縫份角落、作記號、車縫時固定布料、拆線、戳洞等，一支多用的萬能工具。針線盒內必備1支！

6. 骨筆

壓劃出布痕作記號的工具。除了在口袋接縫位置等正面側作記號之外，還能用於在摺疊處預先畫線以便摺疊，或在帆布等厚布上作記號。

5. 記號筆
（麥克筆款）

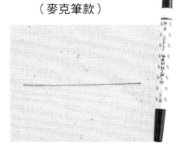

會隨著時間消失的麥克筆款式記號筆。用於標記釦眼位置等，需在正面側作記號的情形特別方便。筆跡也能沾水消除。

4. 記號筆
（自動筆款）

Sewline布用自動筆＆筆芯組0.9mm／
（株）Westek

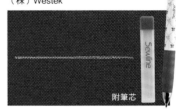

建議選擇能保持畫出纖細且清楚線條的自動鉛筆款。既方便畫出細部的記號，只需更換筆芯顏色，從深色到淺色布料都能廣泛地作出記號。

9. 不鏽鋼直尺15cm

手邊有一支15cm的短尺，檢查縫份等作業時，能夠立刻拿取特別方便。因是金屬製品，熨燙時也能使用。建議挑選數字大，且刻度清楚的較容易辨識。

8. 方格尺50cm · 30cm Clover（株）

裁縫時，選擇從邊緣起為0的方格尺超方便！
無論是添加縫份，或畫直角線都能簡單達成。縫製衣物類大型作品使用50cm，波奇包等小型作品則使用小巧靈活的30cm較為便利。

12. 針插

可愛的針插，讓縫紉加倍愉快！針插的材質以具有油脂的羊毛為佳。化纖手藝棉容易造成針生鏽，因此請不要使用。

11. 珠針

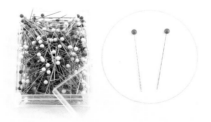

頭較小，針的部分較細的珠針，較便於車縫時使用。彎折的珠針不易穿刺，並且會造成縫線彎曲，因此請定期檢查更換。

10. 捲尺

推薦選擇約1cm寬，長1.5m的規格最實用。比起可自動捲繞的伸縮尺，單純條狀的「布尺」輕巧且可立即使用。

15. 鬆緊帶穿引器

上：迅速穿繩器／Clover（株）

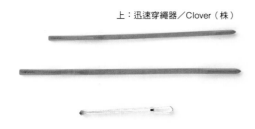

上方的款式是將細鬆緊帶＆繩子，穿入本體孔洞中進行穿引。由於不易脫落，且本體較為細長，因此狹窄的繩帶也能穿過。粗鬆緊帶或繩子則推薦使用下方的夾式型。

14. 手縫線

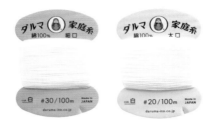

雖然也可以用車縫線替代，但手縫用的木棉線採易於手縫的方式捻線，不易扭轉＆好縫製的特色更具優勢。選擇常用的色彩，備好挑縫返口用的細線＆縫鈕釦用的粗線，有這2種木棉線就會很方便。

13. 手縫針 手縫針「絆」／Clover（株）

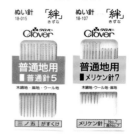

手縫針當中，美式縫針7、和針三之四為一般厚度用，因此可放入針線盒中備用。雖然通常會認為美式縫針為西式裁縫用，和針則是和式裁縫使用，但近年來品質上已無差異，因此依粗細長短選擇方便使用的針款即可。

18. 滾邊器

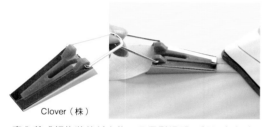

Clover（株）

穿入剪成細條狀的斜布條，只需熨燙即可製作滾邊斜布條的方便工具。雖然有分許多種粗細度，但推薦先備一個可製作包邊用滾邊斜布條的18mm款，就會方便很多。

17. 頂針

使用指革這種頂針專用皮布，將粗糙面朝外，依慣用手中指第2指節的尺寸製作。手縫時，套入中指第2指節，從針孔側以頂針推進運針。

16. 強力夾

Clover（株）

替代珠針或疏縫線，暫時固定布料的夾子。能牢牢固定布料，拆卸也很簡單。想固定針穿不過去的厚布＆會殘留針孔的合成皮布、防水布時，都很好用。

21. 桌上型穿線器

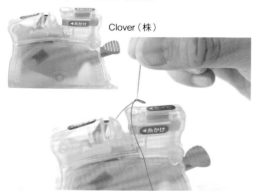

Clover（株）

縫線穿不過手縫針？試試消除此焦慮狀況的神級工具：只要安裝好針線，按下按鈕，線就穿過針了！

20. 熨斗用止滑定規尺

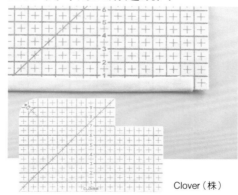

Clover（株）

摺疊布料時，夾在布料之間，使布邊對齊刻度熨燙，就能筆直正確地燙摺出縫份。

19. 滾輪骨筆

Clover（株）

可摺疊、展開縫份的工具。不易熨燙的小地方，或不可熨燙的疊緣、帆布等厚布，使用這個就能漂亮地展開。常備一支放在手邊，需要時就可迅速輕鬆地使用。

追加補充

車縫針＆車縫線的關係

車縫線＆車縫針若能依車縫布料的厚度及材質選用，就能大幅提昇縫線的美觀度。

適合帆布等厚布類

車縫針14號
＋
車縫線30號

 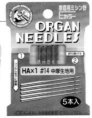

從略薄～普通～略厚都能車縫！

車縫針11號
＋
車縫線60號

萬用的最強組合

選擇布料時,雖然以喜愛顏色、圖案、質感的布料為優先是最好的,
但若能了解各布料的特性,配合想製作的物品選擇材質,手作的世界就會更加開闊。

雙層紗布

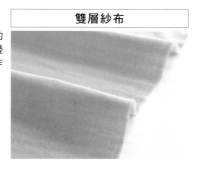

重疊2片紗布,結合部分編織成的布料。透氣性、速乾性、吸水性優異,觸感也很柔軟,推薦用來製作嬰兒衣物或手工口罩。

棉細平布

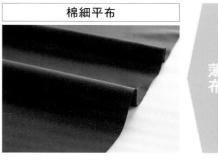

輕薄,擁有如絲緞般的光澤。以Liberty Fabric的Tana Lawn(絲光棉)最為著名。觸感滑順,最適合製作襯衫等衣服。亦可製作活用其柔軟質地的扁平包或小物等。

薄布

寬幅平織布

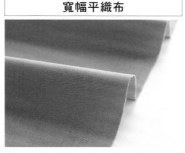

是以粗織線編織而成的大織目布料。可活用其粗糙質地的自然感,製作服飾與小物。因為針容易穿過,容易手縫,所以也很適合拼布。

棉密紋平織布

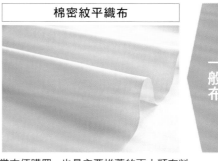

織紋緊密,具有適當的挺度與光澤。可活用其高級感,廣泛運用在服飾與小物的製作。是聚酯纖維與棉混紡的T/C布,由於不易起皺,很推薦製作襯衫或圍裙等生活小物。

一般布

寬幅平織布與棉密紋平織布的顏色圖案相當豐富,是手藝店必備的材料,非常方便購買,也是主要推薦的兩大類布料。

帆布

厚布。使用1片就能製作出形狀明確的包包或小物。厚度(重量)以號數表示,號數越小則越厚。家用縫紉機可順利車縫的最大號數,以11號左右為限。

棉厚織79號 (富士金梅)

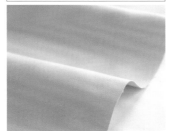

將厚木棉布加工呈現出絲光的布料。手感柔韌、容易縫製都是其特色。用於作工紮實的包布,或作為帆布裡布都很適合。

斜紋布

同樣具有家用縫紉機也能車縫的適當厚度,不易起皺&使用方便。特色在於表面具有斜向溝紋,並帶有高雅的光澤。由於具有彈性,因此從外套、裙子等服飾類,到包包裡布都適用。

牛津布

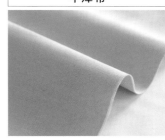

具有家用縫紉機也能車縫的適當厚度,不易起皺&使用方便。表面呈現與寬幅平織布類似的粗曠質感。印花圖案也很豐富,因此以入園入學用品為首,適用於圍裙及大型包等物品的製作。

厚布

防水布

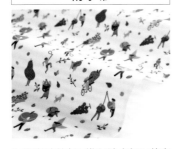

在棉麻材質表面進行防水加工的布料。直接剪開也不會綻線,使用輕鬆;但由於車縫時不易滑動,因此要搭配專用的縫紉機壓布腳。使用1片即可呈現明確的形狀,適用於休閒包或波奇包等種類。

合成皮

在編織布或針織布料上添加合成樹脂,製作成近似真皮的素材。比真皮容易保養,如果用來製作作品,能作出很正式的效果。

絎縫布

在2片布料之間夾入棉襯,車縫壓線的布料。耐用輕巧,帶有蓬鬆的柔和感。雖然普遍給人入學用品材質的印象,但最近也推出了正大受矚目的nubi(누비)等,適合成年人的顏色及圖案的款式。

亞麻

以粗曠的質感&布紋線條上的獨特線結為其特色。帶有自然氛圍,材質涼爽,適用於春夏服飾或布包。

其他布料

這邊彙整了COTTON FRIEND作法頁中，常見的用語。在此確認，從現在開始一定不能不知道的手作基礎吧！

【（車縫）返口】

是指為了將作品翻出正面，因此留下部分不車縫。從返口拉出本體，翻到正面。翻出來之後，就以車縫或手縫縫合返口。

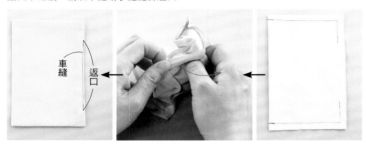

車縫　返口

【回針】

是指車縫時為了防止綻線或進行補強，車縫起縫＆終縫處2至3次。按下縫紉機的倒針鈕，針就會朝後方移動進行回針。

薄布等布料　　基本

倒針鈕

【褶襉】

為了呈現出立體感，或為了裝飾而作的皺褶。在紙型或<裁布圖>當中，多以斜線表示，需由斜線高處摺往低處。

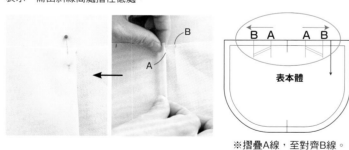

B A　　A B
表本體

※摺疊A線，至對齊B線。

【尖褶】

將布料摺成尖角形，呈現出立體感的作法。將尖褶記號對摺，依記號線車縫。

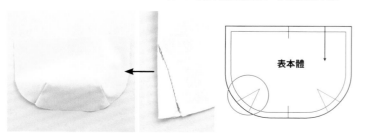

表本體

【合印】

在縫合布料時，為避免錯位，用來對齊所作的記號。在縫合圓形、四角形等不同形狀的裁片時，只要對齊合印即可漂亮地車縫。

表底

【粗針目車縫】

縫紉機針趾使用約4mm的長針趾進行車縫。主要使用在想將布料抽細褶時，拉下線就能抽出細褶。

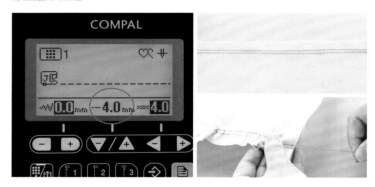

【暫時車縫固定】

是指用車縫線取代疏縫或珠針，加以固定避免移動。雖說是暫時固定，但由於不會拆線，因此請和正式車縫一樣進行回針（※參照【回針】的說明），確實地車縫。

【紙型翻面】

縫合時，由於需要左右對稱的2片裁片，因此其中一片是將紙型翻面進行裁布。以摺雙（※參照【摺雙】的說明）方式裁剪時，由於能夠左右對稱地裁剪，因此無需翻面。

※紙型翻面

摺雙　　裡本體　　　裡本體　　裡本體

【縫份倒向一側】

是指縫份統一摺往單側。從正面側觀看時，倒下側的布料看起來較高（厚）。由於縫份沒有分開，因此縫合處較為牢靠。

（正面）　　　　　　　　　　　　　（背面）

【燙開縫份】

是指縫份朝兩側展開。從表面看時，不會有高低差，能作出縫線不明顯的俐落效果。

（正面）　　　　　　　　　　　　　（背面）

【三摺邊】

處理布邊的作法，是將布料摺2次讓布邊內收的摺法。Cotton Friend是標示成「以1cm→3cm的寬度三摺邊」。

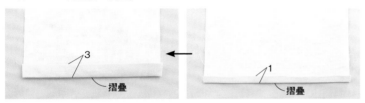

摺疊　　　　　　　　　　摺疊

【布邊】

作在布料兩端，寬約1cm不會綻線的部分。與布料本體的織法＆顏色不同，通常呈現歪斜狀，因此作品中多半不會使用。但近期，也有許多布料會在布邊加入設計，因此也有人使用布邊作拼布，或當成設計中的點綴使用。

布邊

【四摺邊】

是指將布邊摺往中央接合之後（※參考【摺往中央接合】的說明），再進一步對摺。常用於製作提把或束口繩。

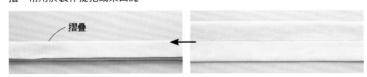

摺疊

【摺雙】

是指已摺疊布料的摺線部分。在＜裁布圖＞中的摺雙標記，是表示將布料摺疊成2片一起裁剪。

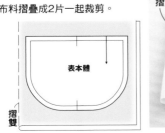

表本體

摺雙

摺雙

【摺往中央接合】

是指摺疊布料，讓布邊在布料中央對齊。

摺疊　　　　布邊　　　　中央

摺疊

【完成線】

作品的完成線。在COTTON FRIEND的紙型中，是指內側的細線。為車縫位置。

完成線

表本體

完成線

【正面相疊、背面相疊】

正面相疊，指兩布料正面對正面地重疊；正面相疊車縫時，縫線位在內側。背面相疊，則是兩布料背面對背面地重疊；背面相疊車縫時，縫線會於外側露出。

背面相疊	正面相疊
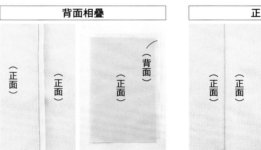	
（正面）（正面）（背面）（正面）	（正面）（正面）（背面）（正面）

【布紋記號】

位於紙型或＜裁布圖＞上的箭頭。只要對齊箭頭方向與直布紋（平行布邊（※參照布邊）的方向），即可作出不歪斜的作品。

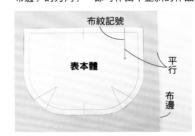

布紋記號

表本體

平行

布邊

表本體

布紋記號

【縫份】

為了車縫布料所添加的多餘部分。Cotton Friend的紙型皆已加入縫份，即是從完成線（※參考完成線）到外側粗線的部分。未含縫份的紙型，則要從完成線外加上縫份。

完成線

表本體

縫份

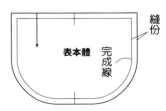

縫份

表本體

完成線

No.10

ITEM｜工具包
作 法｜P.75

製包工具全收納的愛用工具包雖是基礎樣
式，但冨山小姐將款式改造得好作又好
用。口袋的分格寬度，依自己想放入的物
品進行修改也沒問題！

表布＝亞麻布（Lina no.44）
裡布＝亞麻布（Merpal No.1）／COLONIAL
CHECK

新連載

製作精良的
布包&小物LESSON帖

布包講師冨山朋子的新連載。

將為你介紹活用壓箱布料，製作講求精細作工及實用性的布包＆小物。

攝影＝回里純子　造型＝西森 萌

格紋布這種容易歪斜的布
料，先以燙衣除皺噴霧上漿
之後再裁布，更容易進行縫
製。

考慮到拿放工具的頻繁度，
內側（裡布）使用10號至
11號帆布等堅固的布料，以
增加耐久度。

為了避免內容物滑出，在口袋之
上加縫了布蓋。

三摺之後，以皮繩纏繞即固定的
輕巧度也很有魅力。

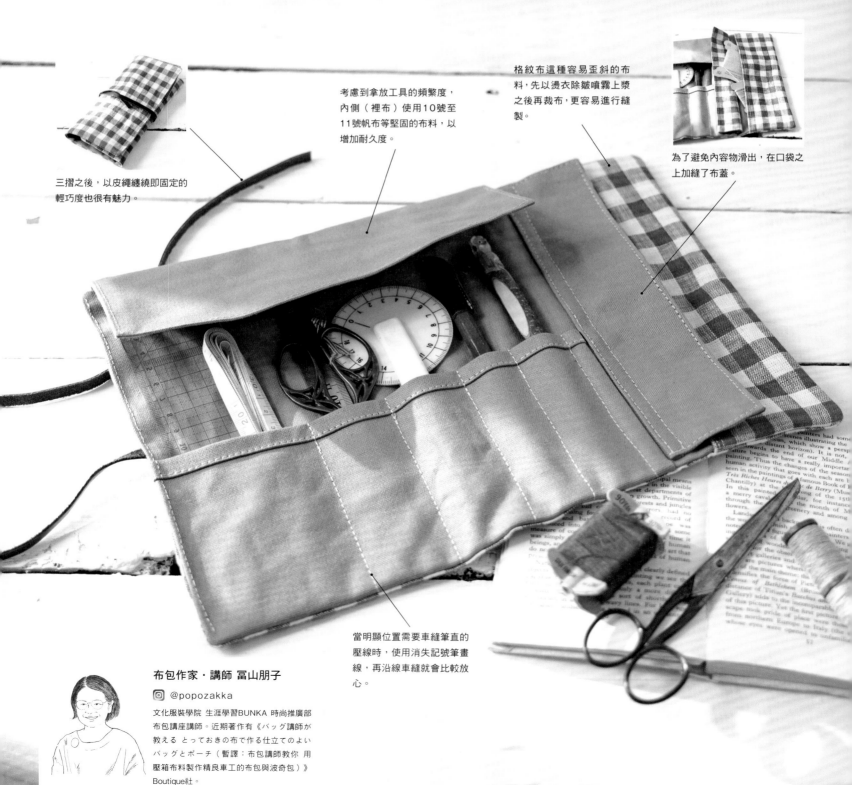

當明顯位置需要車縫筆直的
壓線時，使用消失記號筆畫
線，再沿線車縫就會比較放
心。

布包作家・講師 冨山朋子

@popozakka

文化服裝學院 生涯學習BUNKA 時尚推廣部
布包講座講師。近期著作有《バッグ講師が
教える とっておきの布で作る仕立てのよい
バッグとポーチ（暫譯：布包講師教你 用
壓箱布料製作精良車工的布包與波奇包）》
Boutique社。

回歸手作包的初心 ——
因需求而製作

為什麼你我總是不停地在物色一款「合用」的理想包包？

大容量、防水、輕便、多夾層＆收納口袋、

方便取物、搭配服裝＆場合……

想要找到完全符合自己預設條件的包款

真的是可遇不可求。

但若能自己動手作，所有的想像都能實現！

本書以「因需求而製作」為核心主題，

介紹了許多經典又實用的設計包款。

針對不同的場合設計功能包，

或為不同的需求量身打造專用隔層，

當然，萬用好搭的日常隨身包也絕對不能少！

每日使用的外出包、視場合搭配各種大小包，

作自己喜歡＆實用的包包最令人開心了！

因需求而製作の43款日常好用手作包
基本袋型＋設計款

日本VOGUE社◎授權
平裝／112頁／21×26cm／彩色＋單色／定價420元

作工堅固&整齊的
立方體波士頓包

為春季時尚穿搭，增添莫蘭迪色調的立方體波士頓包。
是由帆布專賣店Lidee的店主 久保田真由美，以擅於車縫厚布的縫紉機「極」製作。

攝影＝回里純子　造型＝西森萌　妝髮＝タニ ジュンコ　模特兒＝ケルク ハナ

No.11

ITEM｜立方體波士頓包
作 法｜P.80

表現出成熟優雅感的方型時尚波士頓
包。表布使用具挺度的8號帆布，裡布
則搭配11號帆布，在製作上講求兼具
休閒感＆耐用性。

表布＝8號帆布酵素洗（左・羽毛灰／中・水洗
藍／右・灰玫瑰）
裡布＝11號帆布55color（左・05淺米色／
中・50水藍色／右12肉桂）　織帶＝人字織帶
（左・17原色／中・32 水藍色／右・16米色）
／Lidee

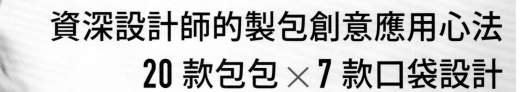

資深設計師的製包創意應用心法
20 款包包 × 7 款口袋設計

> 由一個包款延伸的設計點子，
> 利用相同作法，使用紙型不同，
> 就能作出另一個包款的魔法，
> 是我在創作時，
> 發現趣味的製包理念。

Eileen Handcraft
手作言究室

20 個包款
版型全收錄
內附 **2** 大張紙型

簡約至上！設計師風格帆布包
手作言究室的製包筆記
Eileen 手作言究室◎著
平裝 128 頁／ 21cm × 26cm ／全彩／定價 580 元

到完成為止！

もう一枚の本体も脇マチと中表に合わせて
同様にミシンで縫う

有清楚易懂的影片示範

鎌倉SWANY
普羅旺斯印花布包

人氣布料店「鎌倉SWANY」，春季首推選品——普羅旺斯印花布。
在此將介紹以此為主布，簡單製作的優雅春色包提案。

No.**12**　ITEM｜束口扇形包
　　　　作法｜P.82

適合春～夏外出的橄欖圖案布包。細皮革提把呈現出優雅印象。本體與束口布以同系列的橄欖圖案作拼接，是手作才有的奢侈。

表布＝進口布料（IF1088-2）
配布＝進口布料（IF1089-2）／鎌倉SWANY

作法影片看這裡！

https://youtu.be/
x5i2VqwaedM

No.13

ITEM │ 束口環保包
作 法 │ P.78

無裡布，可簡單縫製完成的束口包形環保袋。活用普羅旺斯印花色彩的粗條紋圖案，直接將其寬度製成提把吧！

右‧表布＝進口布料（IF1092-3）
左‧表布＝進口布料（IF1092-4）／鎌倉SWANY

作法影片看這裡！

https://youtu.be/
7kDhRo2VkEU

No.14

ITEM │ 袋口段差剪裁扁平包
作 法 │ P.79

布包本體作出前後差，以可稍微窺看到的裡布為點綴的平面包。小巧卻有存在感的設計，最適合作為簡單穿搭的亮點。

左‧表布＝進口布料（IF1096-1）
中‧表布＝進口布料（IF1096-2）
右‧表布＝進口布料（IF1096-3）／鎌倉SWANY

作法影片看這裡！

https://youtu.be/
m8rrSEdIiiM

No.15

ITEM ｜寬版提把大容量包
作 法 ｜P.84

以特寬提把引人注目的布包。布包開口加入鬆緊帶＆抽出大量皺褶，裝入物品時，包體會呈現蓬鬆具圓潤感的形狀，非常漂亮。

米色・表布＝進口布料（IF1086-1）
黃色・表布＝進口布料（IF1086-2）／鎌倉SWANY

作法影片看這裡！

https://youtu.be/
rwhttrd5gWg

No.16

ITEM｜蛙嘴口金波奇包
作　法｜P.95

只要推橢圓形釦頭，即可快速開啟口金！
可愛的形狀＆輕鬆開闔的特色，正是大受
歡迎的重點。搭配小圖案的普羅旺斯印花
布，就能完成時尚又可愛的作品。

表布＝進口布料（IF1095-1・2）／鎌倉SWANY

作法影片看這裡！

https://youtu.be/
Eajn38lxCuc

裁剪・拼縫就完成！
配色點子╳日常實用布包＆
小物48款

一看就懂的全彩作法解說＆
原寸紙型輕鬆享受拼布樂趣!

喜歡的布料就算只餘下零碎布片，還是捨不得丟。

只要善用配色，結合拼布或貼布縫的技巧，

小布片也能化身美麗布包和布小物！

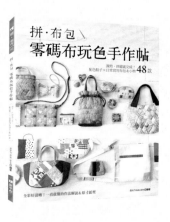

拼·布包　零碼布玩色手作帖
BOUTIQUE-SHA ◎編著
平裝／88頁／21×26cm／全彩
定價 380 元

ITEM｜單提把束口布包
以輕巧耐用的疊緣製作
而成的束口布包。是短
程外出或帶寵物散步時
剛剛好的大小。由於作
有束口布，內容物不會
掉出來，使用感受特別
安心。

COMPAL 1100× komihinata

和煦春日的天空色布包

布品使用komihinata・杉野未央子原創設計——天空與飛機圖案的疊緣。
你想不想也作一個這樣的束口布包呢？

攝影＝回里純子　造型＝西森 萌　模特兒＝ケルク ハナ
上圖：疊緣A＝飛機 by komihinata（Sky）　疊緣B＝素色 by komihinata（Sky）
下圖：疊緣A＝飛機by komihinata（黃）　疊緣B＝素色by komihinata（黃）／FLAT（田織物株式會社）

No.17

ITEM｜束口托特包
作 法｜P.88

與單提把包款相同，也縫有束口布的
托特包。束口布可拆卸，就算髒了也
能清洗。素色疊緣則是雙面可用的設
計，因此可搭配使用背面的白色，接
縫製作出帶有清爽氣息的布包。

profile **komihinata・杉野未央子**

布小物作家。以小尺寸布包
＆波奇包等作品的可愛布料
搭配，與充滿巧思的作法廣
受好評。在文化中心等地方
的開課也有很好的評價。
著作有《komihinataさんの
布あそび BOOK（暫譯：
komihinata的玩布書）》
Boutique社出版。

@komihinata

能攤平展開的樣式相當有趣！托
特包的束口布可拆卸。

隨身物品＋500ml的水瓶也裝得
下喔！

由於有問號鉤，拆下提把就能當
成包中包，或居家佈置的布盒加
以運用。

自己作，
小巧就很夠用的隨身包。
享受，
更加輕盈自在的外出節奏！

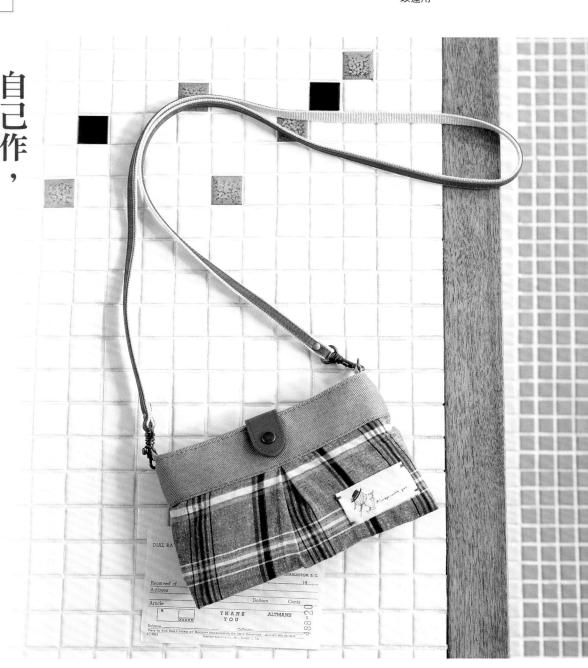

簡單就好！手作人的輕鬆自在小包包
BOUTIQUE-SHA ◎授權
平裝／80頁／21×26cm
彩色／定價 320 元

在手作小物中加入繽紛的花朵元素，盡情享受引頸期盼的春天吧！

人氣
No.1作品！

No.18

ITEM｜鬱金香束口袋
作 法｜P.90

在去年春天發表的材料組介紹中，這款高人氣作品收到許多「希望能詳解作法＆紙型」的反饋。一拉收束口繩，就會形成宛如鬱金香花束般的造型，正是宣告春天到來的設計。

No.19

ITEM｜鬱金香眼鏡包
作 法｜P.91

寬版收納包上的鬱金香貼花，是引人注目的設計焦點。由於縫入了接著棉襯，裝入眼鏡時，柔軟的接觸面讓人相當放心。

No.18・19創作者

細尾典子

@norico.107

攝影＝回里純子　造型＝西森 萌　妝髮＝タニ ジュンコ　模特兒＝ケルク ハナ

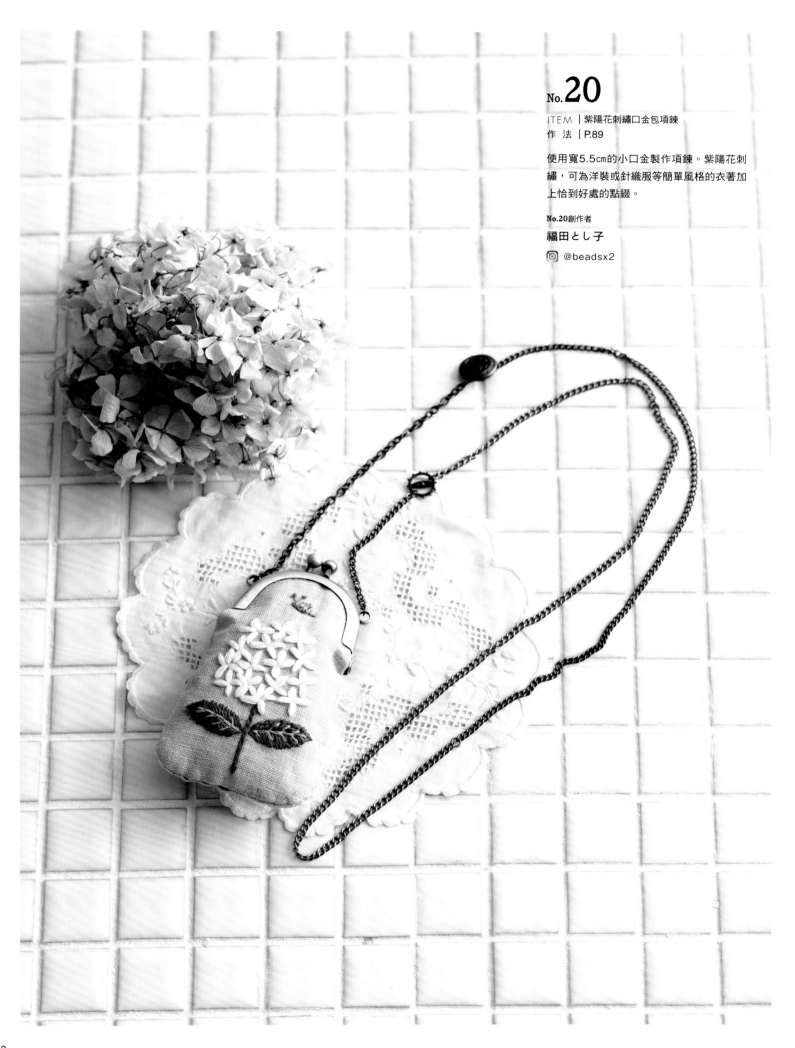

No.20

ITEM｜紫陽花刺繡口金包項鍊
作　法｜P.89

使用寬5.5cm的小口金製作項鍊。紫陽花刺
繡，可為洋裝或針織服等簡單風格的衣著加
上恰到好處的點綴。

No.20創作者

福田とし子

@beadsx2

No.21

ITEM ｜白花三葉草手鞠針插
作 法 ｜ P.92

將白花三葉草主題的小手鞠，縫製成針插。盛
裝手鞠的陶器是法國跳蚤市場購入的田螺杯。
安放一個在針線盒角落，帶入春天氣息如何
呢？

....

使用線＝NONA線（綠・黃綠・白色）
　　　　NONA細線（青苔綠）／NONA

No.21創作者

NONA・安部梨佳

@nonatemari_shop

No.22

ITEM｜蕾絲花刺繡眼鏡包
作 法｜P.86

以亞麻布製作取放皆順手的直插式眼鏡包，正
面繡上小巧可愛＆群聚綻放的白色蕾絲花。對
應蕾絲花的花語「感謝」，很推薦當成母親節
禮物喔！

No.22創作者

yula

@yula_handmade_2008

No.23

No.23

ITEM ｜印度刺繡緞帶髮帶
作 法 ｜P.87

首先，從可輕鬆製作＆能展現刺繡之美
的髮帶作作看！雖然在此是使用寬7cm
的緞帶，但你也可以配合喜好或手邊現
有的緞帶，自由改變寬度。

No.24

ITEM ｜印度刺繡緞帶耳環
作 法 ｜P.86

無需針線就能完成。將寬5.6cm的印度
刺繡緞帶摺疊，再以緞帶夾住＆加上
飾品五金，即可完成耳環。在耳邊搖曳
的緞帶是不是非常可愛呢？

No.23．24創作者
mameco・キムラマミ
📷 @mameco_mami

No.24

連載

好朋友兔兔的
大冒險

刺繡家‧Jeu de Fils 高橋亜紀以法國遇到的
兔子玩偶為主角進行的連載。

抱枕製作＝為貝洁子 | 攝影＝飯田律子

抱枕製作＝為貝洁子 | 攝影＝飯田律子

No.25

ITEM ｜兔子玩偶
作 法 ｜ P.111

驚訝的表情非常俏皮呢！全長12.5cm
的小巧尺寸也很討人喜歡。

No.26

ITEM ｜抱枕套
作 法 ｜ P.96

尺寸23x23cm的抱枕套。
以斜向裁剪的格紋布荷葉邊作為亮
點。由於作有提把，想移動到其他房
間時，拎了就走！

No.27

ITEM ｜兔子眼罩
作 法 ｜ P.97

緩緩地以柔和的溫度療癒眼部疲勞的眼罩，添繡
上了兔子們的十字繡圖案裝飾。內裡則是填充櫻
桃核，使用時以微波爐稍微加溫即可。

---

profile

Jeu de Fils‧高橋亜紀

刺繡家。經營「Jeu de Fils」工作室。居住在法國期間
正式學習刺繡，於當地的刺繡圈出道。目前除了在工作
室與文化中心舉辦講座，也於雜誌與web上發表作品。

@jeudefils

Tote bag

在單提把款式的簡單布包上增添皺褶繡。春季色彩繡線的柔和配色，提升了可愛度的亮點。因市售的Clover皺褶繡型版包裝中附有作法，請務必跟著作作看喔！

使用Clover皺褶繡型版

為日常生活 小物增色

在上衣的胸口及袖子上、背包等小物上，加上設計重點的皺褶繡。輕鬆運用Clover皺褶繡型版，在刺繡之前就能正確地作出記號。試著享受在喜歡的布料或市售的單品上，增添皺褶繡的樂趣吧！

攝影＝回里純子（P.38）　腰塚良彥（P.39）
造型＝西森 萌　妝髮＝タニジュンコ　模特兒＝ケルク ハナ
製作＝竹林里和子

═══ 皺褶繡是…… ═══

北歐及歐洲等地的傳統刺繡之一。是一邊抽細褶，一邊作出圖案的刺繡技巧。據說是為了製作曲線而衍生出的技法。

Arm cover

在清洗工作或從事園藝時非常好用的袖套。在車縫鬆緊帶處，以皺褶繡加以變化。繽紛的線條加上幾何學圖案，這個組合真是絕配！

Multi cover

用於防塵或遮蔽的布蓋。爽快地蓋上一片簡單的布料雖然也很好，但以皺褶繡增添設計，就成為讓人喜愛的單品。

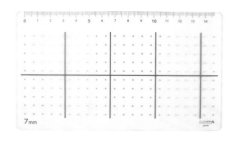

Clover皺褶繡形版（7mm）（57-783）

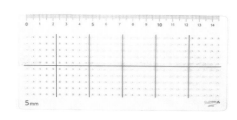

Clover皺褶繡形版（5mm）（57-782）

Clover皺褶繡型版是能夠作出等間隔記號的模版，有5mm及7mm兩種尺寸。在布料上先作出圓點記號之後，再選擇喜歡的針法進行刺繡吧！

POINT 適合皺褶繡的布料，是細平布或亞麻布等輕薄的材質。不但能漂亮地抽細褶，也易於刺繡，非常推薦。一旦繡上皺褶繡之後，寬度就會縮短1/2至1/3，因此要準備較長的布料。

準備工具

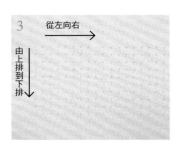

3 從左向右→

由上排到下排↓

基本上是由左往右，由上排往下排進行刺繡。

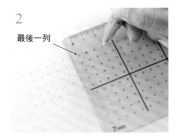

2 最後一列

如果要作超過型版寬度的記號，重疊於最後一列孔洞進行追加，就能夠不偏移地作出記號。

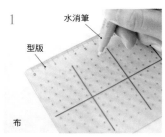

1 水消筆

型版

布

將型版置於布料上，依孔洞以水消筆作記號。作記號時稍微用力一點比較放心。

①Clover皺褶繡型版（5mm）
②水消筆（附塗改頭）
③刺繡針
④喜歡的繡線

輪廓皺褶繡

鑽石皺褶繡（2段）

鑽石皺褶繡（1段）

刺繡針法

在此將介紹使用皺褶繡型版能夠完成的皺褶繡針法種類。以單一針法加以延續，或將各種刺繡進行組合搭配亦可，盡情享受風貌變化的樂趣吧！

雙重纜繩皺褶繡

纜繩皺褶繡（並排）

纜繩皺褶繡（八字）

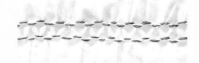

詳細的
刺繡針法介紹
請看影片
▼

魚骨皺褶繡

波浪皺褶繡

蜂窩皺褶繡

※刺繡針法圖示是使用<7mm>的型版。

以刺繡線MOCO作

織補繡貓咪束口袋

在布料上宛如編織般，渡線製作圖案的「織補繡」，此次描繪的是充滿個性的四隻貓咪。以廣受歡迎的柔和色彩刺繡線MOCO，來製作可愛春天配色的貓咪束口袋吧！

攝影＝回里純子　造型＝西森 萌

No. **28**

ITEM｜織補繡貓咪束口袋
作 法｜P.101

選用手感蓬鬆柔軟的刺繡線MOCO搭配組合，以織補繡繡上四種繽紛貓咪的束口袋。因為是巴掌尺寸，最適合用來收納鑰匙、唇膏或稍微貴重的物品。

ミムラトモミ

@mimstermade

以獨創技法「馬賽克織補繡」製作的作品大受歡迎。著作有《お直しにも、かわいいワンポイントにも！ダーニング刺（暫譯：可修補，也能作為可愛小圖案！織補繡）》、《極太、並太毛糸を使って 大きなダーニング刺（暫譯：使用極太、並太毛糸的大型織補繡）》誠文堂新光社。

═══ 作法影片看這裡！織補繡的技巧 ═══

織補繡基礎

織補繡
<圓形>

織補繡
<不規則形>

織補繡貓咪束口袋的使用線材

※藍色數字為MOCO，綠色數字為Schappe Spun的色號。

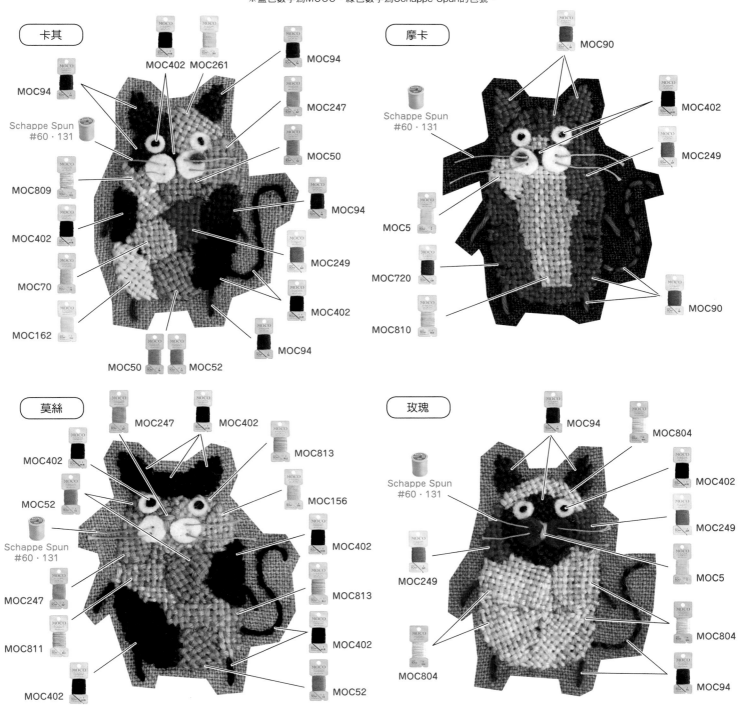

卡其

MOC94
MOC402　MOC261
MOC94
Schappe Spun #60·131
MOC809
MOC402
MOC70
MOC162
MOC50　MOC52
MOC94
MOC247
MOC50
MOC94
MOC249
MOC402
MOC94

摩卡

MOC90
Schappe Spun #60·131
MOC402
MOC249
MOC5
MOC720
MOC810
MOC90

莫絲

MOC247　MOC402
MOC402
MOC813
MOC52
MOC156
Schappe Spun #60·131
MOC402
MOC247
MOC813
MOC811
MOC402
MOC402
MOC52

玫瑰

MOC94
MOC804
MOC402
Schappe Spun #60·131
MOC249
MOC249
MOC5
MOC804
MOC804
MOC94

株式會社Fujix

▶Fujixg手作資訊頁面
https://fjx.co.jp/sewingcom/

▶Fujixg手作資訊頁面
http://fujixshop.shop26.makeshop.jp

🐦 📷 @fujix_info

ミムラ小姐精選色彩！

ミムラトモミ精選組①

ミムラトモミ精選組②

迷你MOCO組

專用收納盒中，有單色＆漸層色搭配的迷你MOCO（各3m）12色套組，並含1支刺繡針（No.3）。※網路商店「糸屋san」獨家販售。

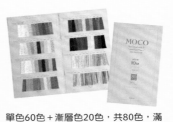

MOCO色票本

單色60色＋漸層色20色，共80色，滿足時尚色彩變化的MOCO色票本。可在網路商店「糸屋san」購買。

MOCO

質地蓬鬆柔和＆粗細度均勻的線材，推薦織補繡初學者選用。

材質：聚酯纖維100%／線長：10m
色數：60色（單色）、20色（漸層色）
使用針：法國刺繡針No.3
※織補繡建議使用圓頭針。

享受四季

刺子繡家事布

由刺子繡作家ちるぼる飯田敬子所負責的刺子繡連載。
要介紹最適合春日浪漫，
引頸期盼櫻花季節的刺子繡圖案。

No.29

ITEM｜櫻花
作 法｜P.42・103

將傳統圖案的花十字針法加以變化，設計成櫻花圖案。透過圖案的隨機分布，在布面衍生出空間感，成為讓人聯想到春風搖曳著櫻花的一條家事布。

線＝NONA細線（粉紅色・淺粉紅色・咖啡色・淺咖啡色）
家事布＝DARUMA刺子布方格線／田株式會社

profile
ちるぼる・飯田敬子
刺子繡作家。出生於靜岡縣，在青森縣居住時期接觸了刺子繡，從此投入學習傳統刺子繡技法。目前透過個人網站以及YouTube，推廣初學者也易懂的刺子繡針法＆應用方式。
@sashiko_chilbol

攝影＝回里純子

刺子繡家事布的作法

※為了方便理解，在此更換繡線顏色，並以比實物小的尺寸進行解說。

[刺子家事布基礎]

持針方法

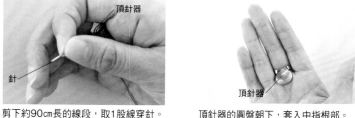

頂針器
針

剪下約90cm長的線段，取1股線穿針。以食指＆拇指捏針，頂針器圓盤置於針後方的方式持針。

頂針器的配戴方法＆持針方法

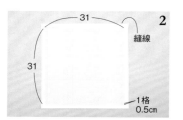

頂針器

頂針器的圓盤朝下，套入中指根部。

製作家事布

31   31   2   縫線
1格 0.5cm

DARUMA刺子繡家事布方格線已繪製格線。使用漂白布時，需依圖示尺寸以水消筆描繪。

製作家事布＆畫記號

0.5   1
布邊 （背面） 布邊
布寬

將「DARUMA刺子繡家事布方格線」正面相疊對摺，在距離布邊0.5cm處平針縫，接著翻至正面。使用漂白布時則是裁剪成75cm長，以相同方式縫製。

繡法

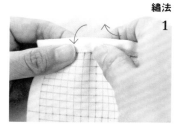

2

繰以左手將布料拉往遠側，使用頂針器從後方推針，於正面出針。重複步驟1、2。

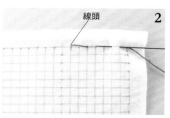

1

以左手將布料拉往近側，使用頂針器一邊推針，一邊以右手拇控制針尖穿入布料。

線頭

2

留下約1cm線頭，拉繡線。開始刺繡，將穿入布料間的線加以固定。完成後剪去線頭。

起繡

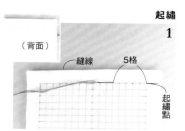

（背面）
縫線   5格
1
起繡點

在起繡點的前方5格入針，穿入兩片布料之間（不從背面出針），從起繡點出針。不打結。

42

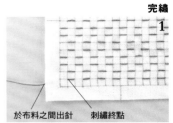

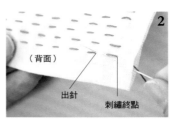

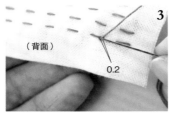

完繡

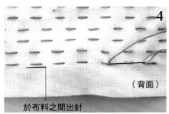

繡3目之後，穿入布料之間，在遠處出針並剪斷繡線。

※若刺繡過程中繡線用完，也同樣依起繡＆完繡的處理作法進行。

以0.2㎝左右的針目分開繡線入針，穿過布料之間，於隔壁針目一端出針，以相同方式刺繡。

翻至背面，避免在正面形成針目，將針穿入布料之間，在背面側的針目一端出針。

刺繡完成後，從布料間出針。

[No.29 櫻花的繡法]　刺子繡原寸圖案P.103

2. 繡圖案下半部的橫排

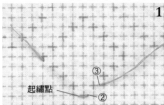

參見P.42「起繡」，從圖案左端的圖案位置起繡。

繡到末端時，將針穿過布料之間（不在背面出針），從上方1格圖案的右端出針。

1. 描圖

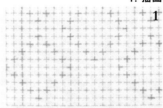

從家事布左下開始，以水消筆描繪圖案線。

工具

①DARUMA刺子繡家事布方格線（或漂白布）　②線剪　③頂針器　④針（有溝長針）　⑤線 NONA細線　⑥木棉細線　⑦尺

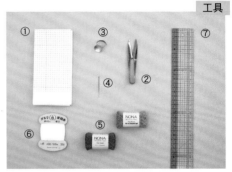

使用能以水清除筆跡的麥克筆款式記號筆（水消筆）。

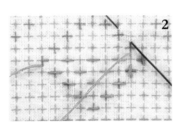

繡到末端之後，由左邊1格的直向圖案上方出針，以上半部相同方式刺繡。

3. 繡直線

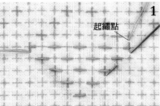

從直線上方往下直向繡1格之後，從左邊1格直向圖案的下方出針。

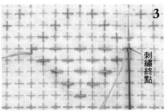

圖案下半部的橫線繡好了！刺繡終點是在圖案直線上出針。

朝橫向反覆繡1格、空1格的步驟，繡出橫線。

周圍繡法①

5. 繡四周

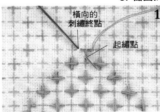

繡四周。參見【周圍繡法①（P.43左下）】從橫向刺繡終點斜向出針。

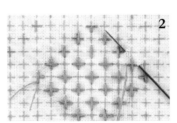

繡到末端之後，在上方1格的橫向圖案右端出針，上半部也以相同方式刺繡。

4. 繡圖案上半部的橫線

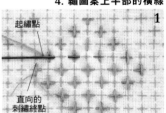

直向繡完之後，在起繡點出針。朝橫向反覆進行繡1格、空1格的步驟。

周圍繡法②

完成

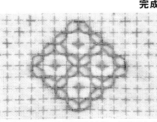

圖案完成。以水清除線條，再剪去多餘的線頭就完成了！

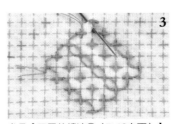

參見【四周的繡法②（P.43左下）】，依紅色箭頭的順序，以步驟1、2的相同方式逆時針刺繡。

依【周圍繡法①】紅色箭頭的方向，順時針刺繡。

反覆繡1格、空1格，以連接直線下方與橫線左側。

在蛋形保麗龍球上，黏貼春日色彩的零碼布，製作成復活節彩蛋。只需裝入手邊現成的提籃內裝飾，即可讓春天降臨屋內。

No.30 創作者

福田とし子

@beadsx2

春日浪漫
沉浸季節
的手作

春天時，讓人興奮不已的活動接連不斷。將其加入手作企劃，來享受季節的更迭吧！

攝影＝回里純子　造型＝西森 萌　妝髮＝タニ ジュンコ　模特兒＝ケルク ハナ

L

M

S

No.31

ITEM｜鯉魚旗L・M・S
作 法｜P.100

讓人忍不住想哼唱「比屋頂高！還要高
──」的鯉魚旗。將手邊現有的零碼布與
鈕釦作搭配，製作得繽紛又歡樂吧！

是這樣的結構！

將頭部穿過接縫於本體的繩
子，進行固定的結構。在垂掛
時能展現穩定性，外觀上也能
帶來立體感。

No.31創作者
福田とし子
@beadsx2

No.32創作者
加藤容子
@yokokatope

No.32

ITEM｜康乃馨
作 法｜P.105

今年的母親節是5/14喔！為免一不留神
就會來不及準備禮物，在此推薦你零碼布
作的康乃馨。無論是製作1朵或花束都很
棒！

作法影片看這邊！

布で作る
かんたん
カーネーション
Yoko Kato

http://y2u.be/Mq-eoCeFADg

No.33

ITEM｜母親節圍裙
作 法｜P.106

當成母親節禮物，或犒賞總是努力不懈的自己都好——來製作圍裙吧！透過在腰圍處作褶襉，製作成不甜膩的波浪設計，是任何人都適用的一條圍裙。

不會讓肩膀痠痛的肩帶

寬3.5cm的肩帶不易滑落，背部交叉的樣式也不會造成肩膀多餘的負擔。

近期著作有《使い勝手のいい、エプロンと小物（暫譯：方便好用的圍裙＆小物）》、《今日作って明日着る服（暫譯：今天作明天穿的服飾）》皆為Boutique社出版，好評熱賣中。

No.33創作者

加藤容子

@yokokatope

兩側有口袋！

將口袋隱身於兩脇接縫線位置，使整體的視覺效果清爽又俐落。

No.34

ITEM｜文庫本書套

作法｜P.78

No.34創作者
布包講師
冨山朋子
@popozakka

第一本著作《バッグ講師が教える とっておきの布で作る仕立てのよいバッグとポーチ（暫譯：布包講師教你 用壓箱布料製作精良車工的布包與波奇包）》Boutique社出版。

建議也可作為父親節禮物備選的文庫本書套。使用11號帆布、帆布或牛津布等，以略帶硬度的布料作表布進行縫製。由於周邊會因摺疊而有厚度，不要一次車縫，先確實摺出褶痕＆使用夾子牢牢固定，再進行車縫較好。

表布＝棉布（Merpal1）／COLONIAL CHECK

加入皮革提高質感

藉由在書籤＆內側束帶使用皮革，提升高級感。

French General
手作提案

要不要用人氣布料品牌French General的2023春夏選布
Blue de Flance，享受從春天到初夏的手作樂趣呢？

攝影＝回里純子　造型＝西森萌　妝髮＝タニ ジュンコ　模特兒＝ケルク ハナ

ITEM｜蝸牛針插
作 法｜P.104

讓人不經意地想哼出「伸出角、伸出長
槍、伸出眼珠～♪」的針插。雖然會覺
得用針戳它太可憐了，但眼睛就是以刺
入2支珠針作為代表。建議使用頭部較
小的玻璃珠針。

左・表布＝13529-171 配布A＝13931-17
　　配布B＝13930-14
中・表布＝13529-171 配布A＝13935-13
　　配布B＝13931-17
右・表布＝13529-171 配布A＝13931-13
　　配布B＝13935-13
※布料皆為平織布 by French General／
moda Japan

\ 點開看，就會作！ /

蝸牛針插的影片教學

https://youtu.be/
aYWNgB4yiNo

No.36至39創作者
くぼでらようこ

@dekobokoubou

說到French General就會給人紅色的印象，但這
次與以往不同，是以藍色作為主色調。雖然我也順
勢毫不猶豫地使用全藍色製作了作品，但真不愧是
French General啊，無論與哪種布料搭配，都能作
出清爽帶有高級感的成品！

French
General

布料廠商moda fabrics的人氣品牌。設計師
為Kaari Meng。從蒐集自法國、印度、美
國、日本等世界各地的古董布料當中獲得啟
發，持續製作並發表原創印花布料。

No.36

ITEM｜卡片包
作 法｜P.109

將收錄於くぼでら小姐著作《フレンチ
ジェネラルの布で作る 美しいバッグや
ポーチetc.（Boutique社出版・暫譯：
用French General布料製作美麗的布包
與波奇包etc.）》的卡片包，稍微加大
改良成更好製作的尺寸。最適合用來整
理容易囤積的卡片們了！

左・表布＝13931-17 裡布＝13529-171
右・表布＝13930-14 裡布＝13529-171
※生地皆為平織布 by French General／
　moda Japan

＼點開看・就會作！／

風琴褶卡片包的影片教學

https://youtu.be/XIbTetCnSM8

No.37

ITEM｜箱褶包
作 法｜P.108

從褶襴之間稍微露出French General印花布，完成
令人傾心的布包。提把特製成較長的58㎝長度，以
便肩背。

表布＝13930-15 配布＝13931-17 裡布＝13529-171
※皆使用平織布 by French General／moda Japan

No.38

ITEM｜橫長迷你包
作法｜P.110

便於收納攜帶裁縫工具或文具、織針或
化妝品等零散物品的迷你包。因側身寬
達4.5cm，穩定放置絕無問題。

左・表布＝13931-17 配布＝13935-13
　　裡布＝13529-171
右・表布＝13935-13 配布＝13529-171
　　裡布＝13529-171
※皆使用平織布by French General／moda Japan

到了春天就想作

Tilda布小物
ティルダ

人氣布料品牌Tilda
送來了可愛的春季布料，
並由手作作家提出推薦的春日小物。

攝影＝回里純子　造型＝西森萌　妝髮＝タニ ジュンコ　模特兒＝ケルク ハナ

No.39至42創作者
本橋よしえ
@yoshiemontan

No.40

ITEM｜花朵茶壺墊S・M
作法｜P.81

稍微抓起花瓣角落，以捲針縫縫合＆立起深度的花朵樣式茶壺墊。
有S・M兩種尺寸，小的作為糖果盤也很適合。

表布＝平織布（100500・Confetti Pine）
配布＝平織布（110065・Cloudpie Pink／110067・Cloudpie Grape／
110068・Cloudpie Blue／110069・Cloudpie Tealgreen／
110070・Cloudpie Green）

No.39

ITEM｜葉形午茶墊
作法｜P.65

以葉片為主題的午茶墊。因掛繩使用了
彈性繩，簡單捲起就能收納得很小巧
喔！

表布＝平織布（100499 Topsy Turvy
Pine）

No.42

ITEM｜餐具收納盒
作法｜P.65

可愛的立杯式餐具收納盒。主體內裡放
入牛奶盒，因此可牢牢地穩定站立。

表布＝平織布（100488・Tasselflower
Blue）

No.41

ITEM｜布提籃S・M
作法｜P.111

以可愛的提籃盛裝點心或茶包，享受餐桌佈置的樂趣如何呢？善用春季感
配色，就能輕鬆讓餐桌變得華麗。

S・表布＝平織布（100494・WillyNilly Pink）裡布＝平織布（110065・Cloudpie Pink）
M・表布＝平織布（100487・WillyNilly Teal）裡布＝平織布（110068・Cloudpie Blue）

布包＆波奇包

以Tilda・Archive系列製作布包＆波奇包吧！

No.43・44創作者
細尾典子
@norico.107

No.43

No.43

ITEM｜8片拼接包
作 法｜P.112

No.44

ITEM｜6片拼接迷你包
作 法｜P.113

接縫布料並燙開縫份，作出如數字8般有趣花樣的扁平包。迷你包則是6拼接，尺寸也製作得小一號。短暫外出時，拎了就走的便利性非常優秀。

No.43
表布＝平織布（100094・Lovebirds Green）裡布＝平織布（100095・Mila Sage Green)

No.44
表布＝平織布（100097・Lovebirds Ginger）裡布＝平織布（100105・Tiny Plum Pink)

No.44

No.45

ITEM｜口金波奇包
作 法｜P.83

充分表現出Tilda特有的柔和配色＆絕佳的設計搭配性。雖然看起來小巧，但由於作有側身，作為大提包分類內容物的包中小包也很好用。

右・表布＝平織布（100082・Elodie Lilac Blue）
中・表布＝平織布（100086・Elodie Lavender）
左・表布＝平織布（100102・Elodie Honey）

製作＝小林かおり

54

手作職人

洪藝芳老師

運用質感北歐風格印花
製作實用又可愛的口金包創作集

運用自如的大小口金包，自己在家就能開心製作！

資深手作職人——洪藝芳老師第一本以北歐風格印花布料創作的口金包選集，以往對於口金包只有小巧可愛的刻板印象，書中收錄了尺寸較大的雙口金大包及袋中袋款口金包，讓口金包也能成為實用的隨身袋物，成為打造日常文青風格的手作穿搭元素。

本書附有口金包基本製作教學及作品作法解說，內附原寸圖案紙型，書中介紹的作法亦附有貼心提醒適合程度製作的標示，不論是初學者或是稍有程度的進階者，都可在本書找到適合自己製作的作品。洪老師也在書中加入了口金包的製作Q&A，分享她的口金包製作小撇步，多製作幾個也不覺膩的口金包，希望您在本書也能夠找到靈感，訂製專屬於您的職人口金包。

職人訂製口金包
北歐風格印花布×口金袋型應用選
洪藝芳◎著
全彩 96 頁／ 21cm×26cm ／定價 480 元

內含紙型

我的針線盒

vol.1 布物作家・くぼでらようこ

くぼでらようこ
@dekobokoubou

布物作家。以著作《フレンチジェネラルの布で作る美しいバッグやポーチetc.（暫譯：用French General布料製作美麗的布包和波奇包etc.）》Boutique社刊登的作品為首，作工精美與容易製作的布小物深獲好評。

攝影＝藤田律子

一起來看看那整日埋首手作之人的針線盒吧！
裡面滿滿地填入了與作品相同的講究呢！

美麗地收納好用工具

布物作家くぼでらようこ愛用的針線盒是Cotton Friend以前介紹過的方形口金針線盒，以及收錄在個人著作《フレンチジェネラルの布で作る美しいバッグやポーチetc.》（Boutique社出版）的拉鍊波奇包。「因為是從不斷失敗中誕生出來的作品，因此有著更深厚的情感。最大的優點還是好用，而且容量也很大。」くぼでらようこ如此表示。

收納其中的工具類，全都是具有實力的可靠好物。剪刀及粉土筆，會根據不同用途常備好幾支。「工具依不同用途作區分，乍看之下或許會覺得很麻煩，但實際上這是製作漂亮作品的捷徑喔！」くぼでらようこ講究細節的創作姿態，同樣也顯現在精采齊全的工具上。

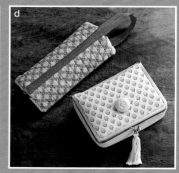

a.左起第4個，是手術用「鉗子」。用來將細長的裁片翻到正面非常好用。 b.以手作針插＆捲尺增添上色彩。 c.粉土筆也備齊了各種款式，依照用途區分使用。 d.以French General布品製作的愛藏針線盒，在攜帶上也很方便。

Le kaléidoscope

（萬花筒系列）

Le timbre

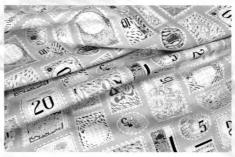

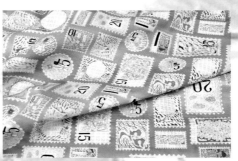

（郵票系列）

2023年與臺灣喜佳合作推出全新系列設計布料。

（萬花筒）：把粉彩作品un, deux, trois, quatre, cinq, six, sept, huit, 做切割融合製造出萬花筒的效果，作品本身有八張，全部排在一起像是一個八角的星星，每一張畫分別代表不同的藝術家。萬花筒讓人著迷，千變萬化，就我們的思想一樣，每一秒鐘都在改變。

（郵票）：想以郵票的概念傳達訊息你來我往的感覺，郵票背景的循環線條想要傳達大家的思緒都是互相感應互相影響的。郵票上的元素和代表含義：風箏－好奇，酒杯－慶祝，鳥－自由，蝴蝶－夢想，花瓶－愛情，人臉－溝通，樹－成長，手套－保護，烏雲－清洗。

JATS1120

印花設計

時尚藝術家－洪維廷 JATS1120

常於台灣各地舉辦藝術展覽。
擅長以粉彩顏料進行繪畫創作，
同時也擅長毛織地毯工藝，作品
深受台灣時尚雜誌喜愛及青睞。

Instagram：jats1120

JATS1120 X ⓒ Taiwan Cheer Champ

聯絡資訊

喜佳官方網站　　喜佳網購中心　　喜佳手作空間

ⓒ Taiwan Cheer Champ 喜佳

客服專線：0800-050-855
相關販售資訊請洽：全台喜佳門市及專櫃

貼布縫創作精靈—Su廚娃
以小動物主題發想
自製手作包的第一本設計book

內附紙型

　　以童趣風打造貼布縫創作，受到大眾喜愛的Su廚娃老師，以招牌人物---廚娃與各式各樣的可愛小動物，創作的貼布縫手作包設計書，是將既有拼布技法簡化，並改良成全新風格日常手作包的一大突破。

　　本書作品大多使用老師平時收集的小布片、好友贈送的皮革、原本想要淘汰的舊皮帶、衣物上的蕾絲等生活素材，搭配棉麻布、先染布、帆布等各式多元布材，製成每一個與眾不同的獨特包款，完全落實手作人追求的個人魅力，將可愛的小動物貼布縫圖案運用在日常實用的手作包，「因為買不到，所以最珍貴！」

　　書中收錄的每一款小動物及對應的廚娃，都是Su廚娃老師親自設計的配色及造型：可愛的羊駝與頭上頂著花椰菜的廚娃；勤勞的小蜜蜂與花朵造型廚娃是好朋友；平常較少出現在手作書裡的動物：浣熊、獅子、犀牛、恐龍等，在Su廚娃老師的創作筆下，也變得生動又可愛！

　　每一款小動物的擬人化過程裡，同時記錄著老師身邊的家人、朋友們的個性與特色，這樣的發想讓老師的貼布縫圖案更加鮮明有趣，亦令人在作品裡，感受到許多暖暖的人情味，就像是每個包，都寫著一個名字。

　　在製作新書的過程時，Su廚娃老師恰好開啟了她的獨自旅行挑戰，並帶著這些手作包一起走遍各地，在每一個包包的身上，刻劃著創作與旅行的回憶，老師以插畫、貼布縫、攝影留下這些關於創作的養分點滴，豐富收錄於書內圖文，喜歡廚娃的粉絲，絕對要收藏！

　　書內收錄基礎貼布縫教學及各式包包作法、基礎縫法，內附紙型及圖案。想與廚娃老師一樣將可愛的貼布縫圖案，運用在日常成為實用的手作包，在這本書裡，你一定可以找到很多共鳴！

> 轉變之後的自己，開始明白：
> 作不來困難的事，就放過自己。
> 手作之路，只走直線，不轉彎，也可以。
> 車縫的時候，一條、兩條、三條，
> 管它有幾條，
> 我們，開心最重要。
> —— Su 廚娃

隨書附錄紙型

好可愛手作包
廚娃の小動物貼布縫設計 book
Su 廚娃◎著
平裝 132 頁／20cm×21cm
全彩／定價 520 元

POINT

1 揉製黏土麵團
2 製作造型＆配料
3 美味關鍵：上色！
全作法超詳細照片示範＆文字解說
簡單、易作、不失敗，
一定能作出你喜愛的小小黏土麵包們！

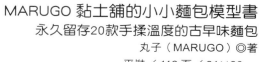

MARUGO 黏土舖的小小麵包模型書
永久留存20款手揉溫度的古早味麵包

丸子（MARUGO）◎著

平裝／112 頁／21×26cm

彩色／定價 380 元

CLAY · MINIATURE · BREADS

永久
保存版

用黏土做大人小孩都愛的經典麵包 20 味！

麵包是生活點滴中親切又熟悉的陪伴。
為了不忘記憶中樸實無華的古早味，
試著運用黏土與簡易的材料，
透過有溫度的雙手，
捏製留存那沒有過多華麗裝飾的經典麵包吧！

☑ 不需要攤開大張紙型複寫。
☑ 已含縫份，列印後只需沿線裁下就能使用。
☑ 免費下載。

No.18 鬱金香束口袋

No.19 鬱金香眼鏡包

No.20 紫陽花刺繡口金包項鍊

No.25 兔子玩偶

No.22
蕾絲花刺繡眼鏡包

No.28 織補繡貓咪束口袋

No.41 布提籃 S・M

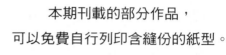
手作新提案

直接列印
含縫份的紙型吧！

本期刊載的部分作品，
可以免費自行列印含縫份的紙型。

那麼，立刻試著
動手列印吧！

1

進入COTTON FRIEND PATTERN SHOP

https://cfpshop.stores.jp/
※作法頁面也有QR Code及網址。

COTTON FRIEND PATTERN SHOP
HOME ITEM CATEGORY

2

選擇要下載的紙型，點一下。

3

點選＜カートに入れる（放入購物車）＞

CF86（2023春号）P.53　バスケット
S・M
¥0
※こちらはダウンロード商品です

28nyan.pdf
139KB

カートに入れる

♡ お気に入り

CF86（2023春号）P.53
No.41 バスケットS・M

4

點選＜ゲスト購入する（訪客購買）＞

カートに入っているアイテム

アイテム名		価格	個数	小計
	CF86（2023春号）P.53　バスケットS・M	¥0	1	¥0
			合計	¥0

ログインして購入する

ゲスト購入する

ショッピングを続ける

填寫必填欄位後點按
＜內容のご確認へ（確認內容）＞

・請填入姓名、電話與電子郵件信箱。
・若不加入會員，也不需收到電子報與最新資訊，可將下方的＜情報登錄＞取消勾選。

點選＜注文する（購買）＞

・請確認以上內容，勾選＜以下に同意する（同意）＞，再點選＜注文する（購買）＞。

點選＜ダウンロード（下載）＞

確認尺寸的比例尺

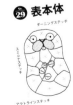 

紙型下載完成！

・直接存在桌面，準備列印。
・原寸請使用A4紙張列印（若是設定成「配合紙張大小列印」，將無法以正確尺寸印出，請務必加以確認）。
・印出後請務必確認張數無誤，並檢查列印紙上「確認尺寸的比例尺」是否為原寸5cm×5cm。

解決衣物大小事！家家必備！

入門新手＆手作老鳥都必備的裁縫工具書

本書不僅包含裁縫工具的使用方法、圖文並茂的縫紉手法等詳盡的基礎裁縫知識，還介紹許多能讓你事半功倍的超好用小產品。

貼心地提供了解決日常生活中常見小麻煩的超實用小技巧，讓你不再擔心衣物沾染上討人厭的污漬、不再害怕看見衣物脫線、不再因為鬆緊帶太鬆或拉鍊壞掉而被迫丟棄喜愛的衣物……更獨家大公開一日就能完成的小物的作法和原寸紙型。

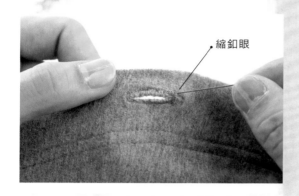

縮釦眼

手作族一定要會的裁縫基本功（暢銷增訂版）
BOUTIQUE-SHA ◎授權
平裝／128 頁／21×26cm
彩色／定價 380 元

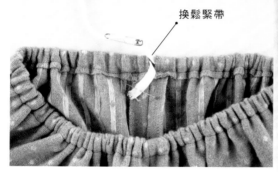

換鬆緊帶

熨燙襯衫

完成尺寸	材料		P.53_ No.**42**

完成尺寸
寬8×高13×側身8cm

原寸紙型
無

材料
表布（平織布）40cm×25cm
裡布（棉布）40cm×25cm
接著鋪棉（薄）40cm×25cm
花形鈕釦 13mm 1個／壓克力織帶 寬2cm 20cm
牛奶盒 1個

P.53_ No.42
餐具收納盒

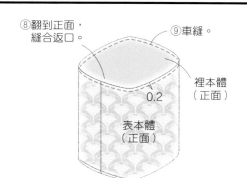

⑧翻到正面，縫合返口。
⑨車縫。
裡本體（正面）
0.2
表本體（正面）

2. 接縫提把

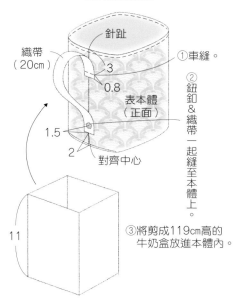

針趾
織帶（20cm）
3
0.8
①車縫。
②鈕釦＆織帶一起縫至本體上。
表本體（正面）
1.5
2
對齊中心
11
③將剪成119cm高的牛奶盒放進本體內。

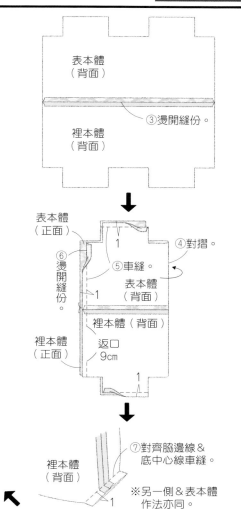

表本體（背面）
裡本體（背面）
③燙開縫份。

表本體（正面）
⑥燙開縫份。
1
1
④對摺。
⑤車縫。
表本體（背面）
裡本體（背面）
裡本體（正面）
返口 9cm
1

裡本體（背面）
⑦對齊脇邊線＆底中心線車縫。
1
※另一側＆表本體作法亦同。

（裁布圖）

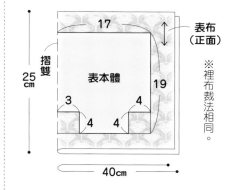

※標示尺寸已含縫份。
※▢處需於背面燙貼接著鋪棉。

摺雙
25cm
17
表本體
19
3
4
4 4
表布（正面）
※裡布裁法相同。
40cm

1. 製作本體

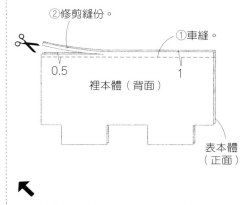

②修剪縫份。
①車縫。
0.5
1
裡本體（背面）
表本體（正面）

完成尺寸
寬36.5×長25cm

原寸紙型
C面

材料
表布（平織布）50cm×35cm
裡布（棉布）50cm×35cm
接著鋪棉（薄）50cm×35cm
圓鬆緊帶 粗0.4cm 16cm

P.53_ No.39
葉形午茶墊

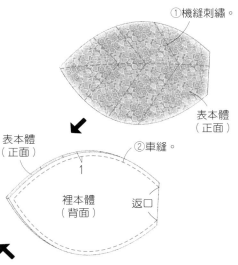

③翻到正面。
④圓鬆緊帶插入1cm後縫合。
0.3
⑤車縫。
圓鬆緊帶（16cm）
表本體（正面）

⑥車縫尖褶。
裡本體（正面）

1. 製作本體

①機縫刺繡。
表本體（正面）
②車縫。
表本體（正面）
1
裡本體（背面）
返口

（裁布圖）

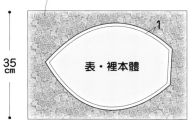

※▢處需沿背面完成線燙貼接著鋪棉（僅表本體）。

表・裡布（正面）
※裡布裁法相同。

35cm
表・裡本體
1
50cm

65

完成尺寸	材料	P.06_ No.01
寬22×高22×側身16cm （提把30cm）	表布（10號石蠟帆布）112cm×50cm 配布（11號帆布）112cm×20cm	**便當袋**
原寸紙型 **無**	疊緣 約寬8cm 長240cm （注意：疊緣不可用熨斗熨燙。）	

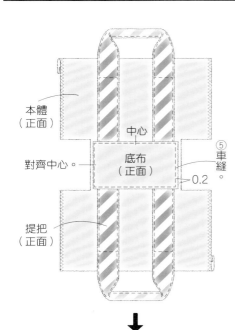

本體（正面）

中心

對齊中心。

底布（正面）

⑤車縫。

0.2

提把（正面）

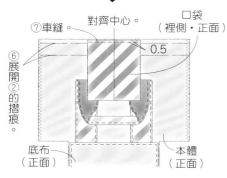

⑦車縫。

對齊中心。

口袋（裡側・正面）

0.5

⑥展開②的摺痕。

底布（正面）

本體（正面）

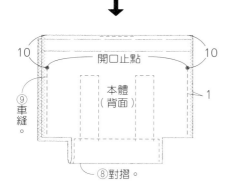

10　開口止點　10

本體（背面）

⑨車縫。

1

⑧對摺。

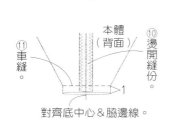

⑪車縫。

本體（背面）

⑩燙開縫份。

1

對齊底中心&脇邊線。

⑤車縫。

口袋（背面）

11

口袋（正面）

0.5

④摺疊。

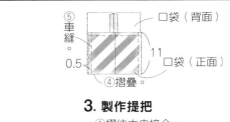

3. 製作提把

①摺往中央接合。

6

裡提把（正面）

②摺疊。

表提把（正面）

1

6

③摺疊。

④車縫。

對齊中心

表提把（正面）

裡提把（正面）

0.2

18　　18

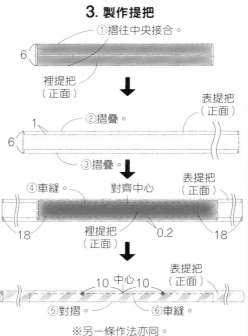

10　中心　10

表提把（正面）

⑤對摺。　⑥車縫。

※另一條作法亦同。

4. 製作本體

②依1cm　4cm寬度三摺邊，摺出摺痕。

1

4

本體（背面）

①Z字車縫。

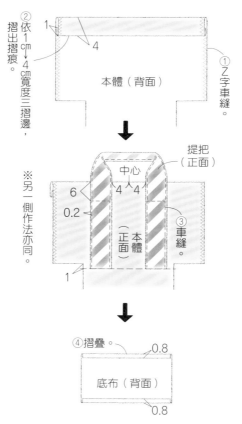

提把（正面）

中心

6　4人4

0.2

本體（正面）

③車縫。

※另一側作法亦同。

1

④摺疊。

0.8

底布（背面）

0.8

裁布圖

※標示尺寸已含縫份。

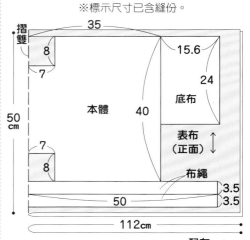

摺雙

35

8

7

15.6

24

本體

40

底布

50cm

7

8

表布（正面）

布繩

3.5

3.5

50

112cm

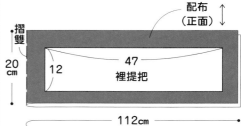

配布（正面）

摺雙

12　47

裡提把

20cm

112cm

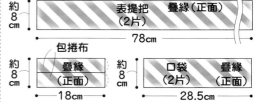

約8cm

表提把　疊緣（正面）（2片）

78cm

約8cm

包捲布

疊緣（正面）

18cm

約8cm

口袋（2片）　疊緣（正面）

28.5cm

1. 製作布繩

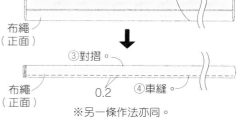

布繩（背面）

1

1

①摺疊

②摺往中央接合。

布繩（正面）

③對摺。

布繩（正面）

0.2

④車縫。

※另一條作法亦同。

2. 製作口袋

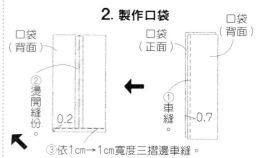

口袋（背面）

口袋（正面）

②燙開縫份。

0.2

口袋（背面）

①車縫。

0.7

③依1cm→1cm寬度三摺邊車縫。

66

5. 穿入布繩

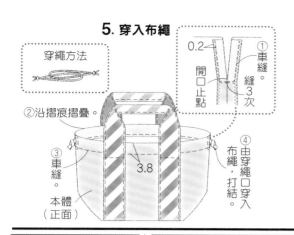

穿繩方法

①車縫。
縫3次。
0.2
開口止點
②沿摺痕摺疊。
③車縫。
④由穿繩口穿入布繩，打結。
3.8
本體（正面）

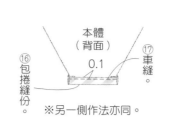

本體（背面）
⑯包捲縫份。
0.1
⑰車縫。
※另一側作法亦同。

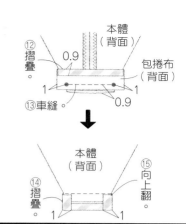

本體（背面）
⑫摺疊
0.9
包捲布（背面）
⑬車縫
0.9
1   1

本體（背面）
⑭摺疊
1   1
⑮向上翻。

完成尺寸	材料	P.06_ No.02
寬6×高21×側身6cm	表布（10號石蠟帆布）20cm×50cm	**水瓶袋**
原寸紙型	裡布（保冷鋁箔布）20cm×50cm	
無	疊緣 約寬8cm 50cm（注意：疊緣不可用熨斗熨燙）	
	棉繩 粗3mm 38cm／繩扣 1個	

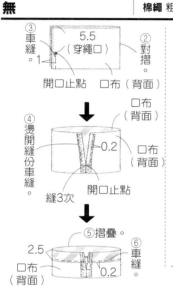

③車縫。1
5.5（穿繩口）
②對摺
開口止點   口布（背面）

④燙開縫份車縫。
縫3次。
0.2
口布（背面）
口布（背面）
開口止點

⑤摺疊。
2.5
⑥車縫
口布（背面）
0.2

裁布圖   ※標示尺寸已含縫份。

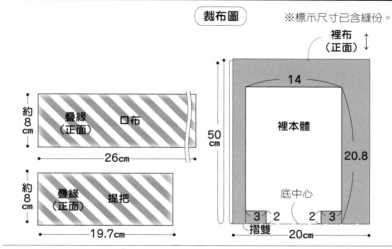

約8cm
疊緣（正面）   口布
26cm

約8cm
疊緣（正面）   提把
19.7cm

裡布（正面）
14
裡本體
50cm   20.8
底中心
3 2   2 3
摺雙   20cm

表布（正面）
14
表本體
50cm   21
底中心
3 2   2 3
摺雙   20cm

4. 套疊表本體＆裡本體

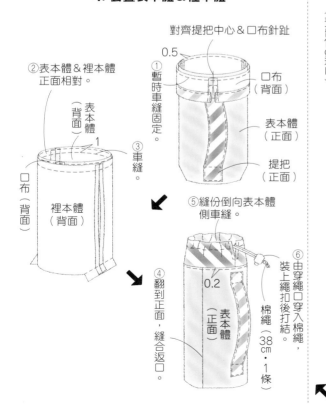

②表本體＆裡本體正面相對。
表本體（背面）
③車縫。1
口布（背面）
裡本體（背面）

對齊提把中心＆口布針趾
0.5
①暫時車縫固定。
口布（背面）
表本體（正面）
提把（正面）

⑤縫份倒向表本體側車縫。

④翻到正面，縫合返口。

⑥由穿繩口穿入棉繩，裝上繩扣後打結。
0.2
表本體（正面）
棉繩（38cm·1條）

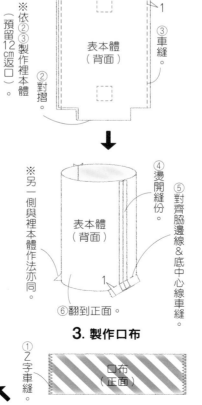

※依②③製作裡本體（預留12cm返口）。
表本體（背面）
①車縫
②對摺
③車縫
表本體（背面）
④燙開縫份
⑤對齊脇邊線＆底中心線車縫。
1
⑥翻到正面。
※另一側與裡本體作法亦同。

3. 製作口布
①Z字車縫。
口布（正面）

1. 製作提把

①摺疊
1   提把（背面）   1

提把（正面）
0.2
約2.6
②三摺邊車縫。

2. 製作本體

對齊中心。
2.7   1.3
0.2
提把（正面）
表本體（正面）
①車縫
3
底中心

工具包

完成尺寸	
寬35×高25×側身15cm（提把52cm）	

原寸紙型

C面（圓角紙型）

材料

表布（11號帆布）92cm×60cm／配布A（棉布）137cm×30cm

配布B（皮革）40cm×10cm／裡布（棉厚織79號）112cm×80cm

軟襯墊（厚0.3mm）40cm×5cm

軟襯墊（厚0.8mm）30cm×15cm

接著襯（中厚不織布）30cm×15cm

壓克力織帶 寬3.8cm 125cm

問號鉤 15mm 1個／D型環 15mm 1個／固定釦 12mm 8組

裁布圖

※標示尺寸已含縫份。
※ —— 處需使用圓角紙型畫弧邊。
※ ▨ 處需於背面燙貼接著襯（僅表底）。
※ □ 處需以橡膠接著劑在背面貼上軟襯墊（厚0.3mm）。

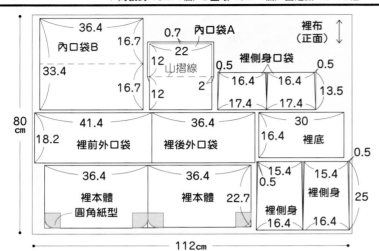

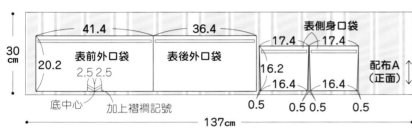

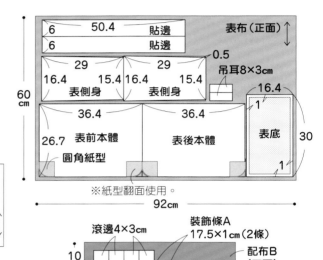

軟襯墊（厚0.3mm）貼法

3. 縫上內口袋

1. 製作吊耳

2. 製作提把

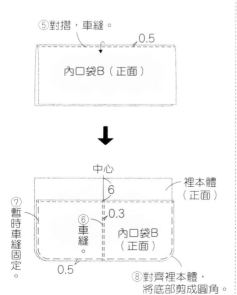

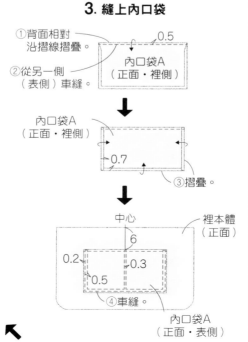

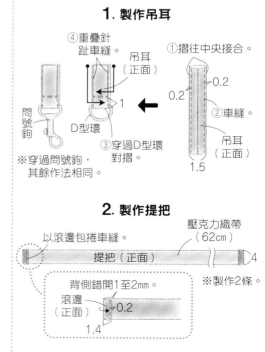

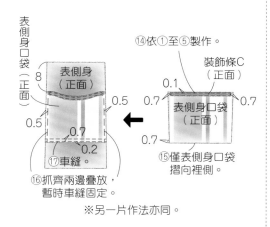

表側身口袋（正面）

⑭依①至⑤製作。

裝飾條C（正面）

表側身（正面）

8

0.1

0.7

0.5

表側身口袋（正面）

0.7

0.7

0.5

0.7

0.7

0.2

⑰車縫。

⑮僅表側身口袋摺向裡側。

⑯抓齊兩邊疊放，暫時車縫固定。

※另一片作法亦同。

6. 製作表本體

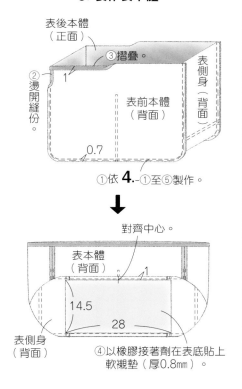

表後本體（正面）

③摺疊。

②燙開縫份。

表側身（背面）

表前本體（背面）

1

0.7

①依 4.-①至⑤製作。

對齊中心。

表本體（背面）

1

14.5

28

表側身（背面）

④以橡膠接著劑在表底貼上軟襯墊（厚0.8mm）。

7. 套疊表本體&裡本體

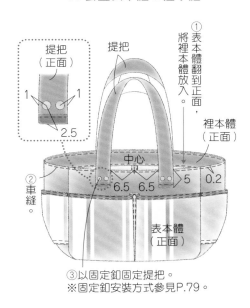

提把（正面）

提把

1

1

2.5

①將裡本體翻到正面，表本體翻到正面放入。

裡本體（正面）

中心

車縫。

6.5 6.5

5

0.2

表本體（正面）

③以固定釦固定提把。
※固定釦安裝方式參見P.79。

---

5. 縫上口袋

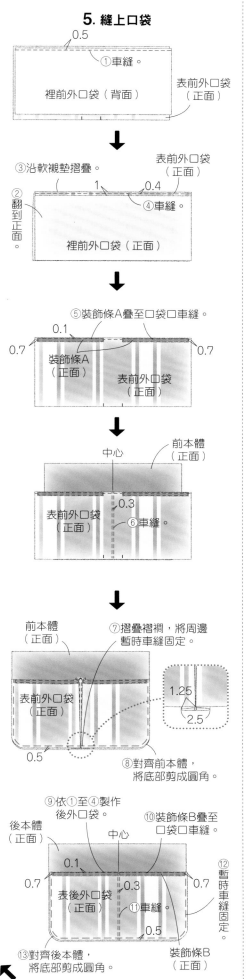

0.5

①車縫。

裡前外口袋（背面）

表前外口袋（正面）

③沿軟襯墊摺疊。

表前外口袋（正面）

②翻到正面。

1

0.4

④車縫。

裡前外口袋（正面）

⑤裝飾條A疊至口袋口車縫。

0.1

0.7

0.7

裝飾條A（正面）

表前外口袋（正面）

中心

前本體（正面）

表前外口袋（正面）

0.3

⑥車縫。

前本體（正面）

⑦摺疊褶襉，將周邊暫時車縫固定。

表前外口袋（正面）

1.25

2.5

0.5

⑧對齊前本體，將底部剪成圓角。

⑨依①至④製作後外口袋。

⑩裝飾條B疊至口袋口車縫。

後本體（正面）

中心

0.1

0.7

0.3

0.7

表後外口袋（正面）

⑪車縫。

⑫暫時車縫固定。

0.5

⑬對齊後本體，將底部剪成圓角。

裝飾條B（正面）

---

4. 製作裡本體

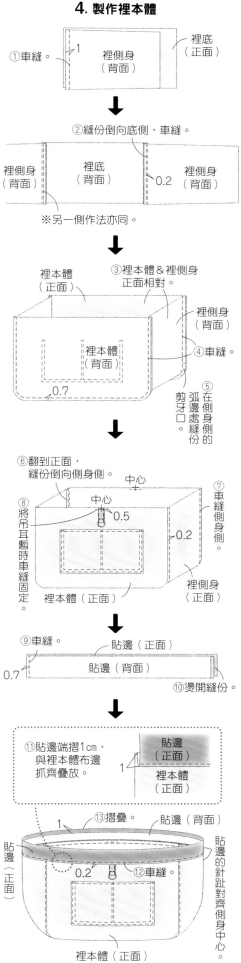

①車縫。

1

裡側身（背面）

裡底（正面）

②縫份倒向底側，車縫。

裡側身（背面）

裡底（背面）

裡側身（背面）

0.2

※另一側作法亦同。

裡本體（正面）

③裡本體&裡側身正面相對。

裡側身（背面）

④車縫。

裡本體（背面）

0.7

⑤在側身側的縫份弧邊處剪牙口。

⑥翻到正面，縫份倒向側身側。

中心

⑧將吊耳暫時車縫固定。

中心

0.5

⑦車縫側身側。

0.2

裡本體（正面）

裡側身（正面）

⑨車縫。

貼邊（正面）

0.7

貼邊（背面）

⑩燙開縫份。

⑪貼邊端摺1cm，與裡本體布邊抓齊疊放。

貼邊（正面）

1

裡本體（正面）

⑬摺疊。

貼邊（背面）

1

貼邊（正面）

0.2

⑫車縫。

裡本體（正面）

貼邊的針趾對齊側身中心。

**橫直兩用
隨身手機包**

完成尺寸	
寬21×高11.5cm	

原寸紙型

A面

材料

表布（緹花布）140cm×25cm
裡布（棉布）60cm×40cm／接著襯 80cm×40cm
雙開金屬拉鍊 40cm 1條／問號鉤 10mm 2個
FLATKNIT拉鍊 10cm 1條
D型環 10mm 3個／日型環 10mm 1個

裁布圖

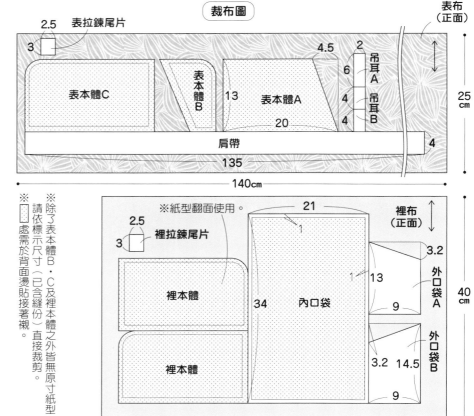

※除了表本體B‧C及裡本體之外皆無原寸紙型，請依標示尺寸（已含縫份）直接裁剪。

※□處需於背面燙貼接著襯。

⑧以疏縫線暫時固定於表本體A側的縫份。

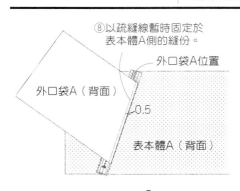

外口袋A（背面）
外口袋A位置
表本體A（背面）
0.5

⑨拆下③的粗針目縫線。

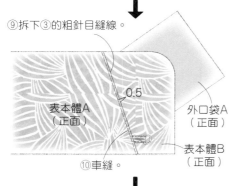

表本體A（正面）
0.5
外口袋A（正面）
表本體B（正面）
⑩車縫。

⑪外口袋A翻到正面。

表本體A（背面）
表本體B（背面）
外口袋A（正面）

⑫正面相對地疊上外口袋B，以疏縫線將四周暫時固定。
※連表本體A一起縫。

表本體B（背面）
外口袋B（背面）
表本體A（背面）
0.5

⑬車縫⑫針趾內側0.2cm處。
⑭車縫。
⑮拆下疏縫線。

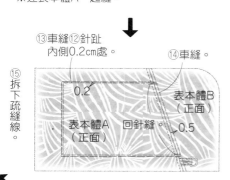

0.2
表本體B（正面）
表本體A（正面）
表本體B（正面）
回針縫
0.5

②車縫。 1.2
回針縫。
③粗針目車縫。
回針縫。
②車縫。
拉鍊安裝位置
表本體A（正面）
表本體B（背面）

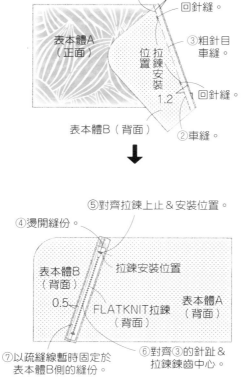

④燙開縫份。
⑤對齊拉鍊上止＆安裝位置。
表本體B（背面）
拉鍊安裝位置
0.5
FLATKNIT拉鍊（背面）
表本體A（背面）
⑥對齊③的針趾＆拉鍊鍊齒中心。
⑦以疏縫線暫時固定於表本體B側的縫份。

1. 製作吊耳

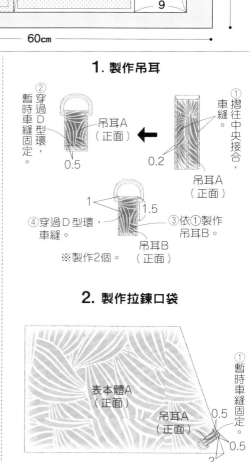

①摺往中央接合，車縫。
②穿過D型環，暫時車縫固定。
吊耳A（正面）
0.5
0.2
吊耳A（正面）
1
1.5
④穿過D型環，車縫。
③依①製作吊耳B。
吊耳B（正面）
※製作2個。

2. 製作拉鍊口袋

表本體A（正面）
①暫時車縫固定。
吊耳A（正面）
0.5
0.5
2

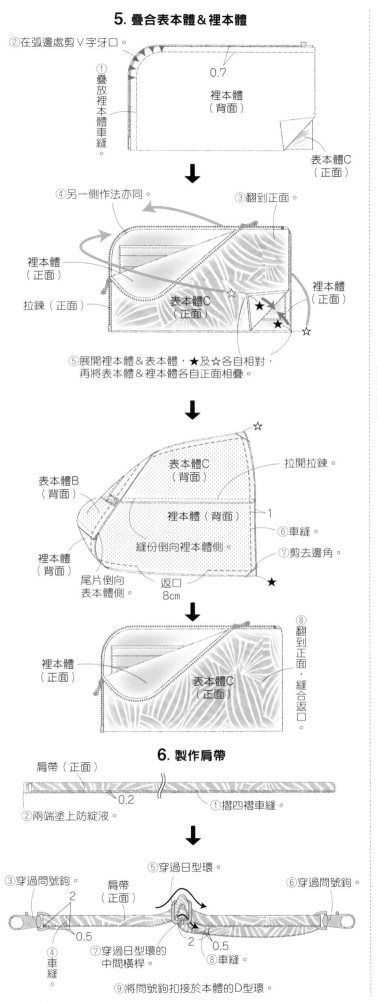

5. 疊合表本體 & 裡本體

② 在弧邊處剪 V 字牙口。

① 疊放裡本體車縫。

裡本體（背面）

0.7

表本體C（正面）

④ 另一側作法亦同。

③ 翻到正面。

裡本體（正面）

裡本體（正面）

拉鍊（正面）

表本體C（正面）

⑤ 展開裡本體 & 表本體，★ 及 ☆ 各自相對，再將表本體 & 裡本體各自正面相疊。

☆

表本體B（背面）

表本體C（背面）

拉開拉鍊。

裡本體（背面）

1

⑥ 車縫。

⑦ 剪去邊角。

裡本體（背面）

縫份倒向裡本體側。

尾片倒向表本體側。

返口 8cm

★

⑧ 翻到正面，縫合返口。

裡本體（正面）

表本體C（正面）

6. 製作肩帶

肩帶（正面）

0.2

① 摺四褶車縫。

② 兩端塗上防綻液。

③ 穿過問號鉤。

肩帶（正面）

⑤ 穿過日型環。

⑥ 穿過問號鉤。

2

0.5

④ 車縫。

⑦ 穿過日型環的中間橫桿。

2

0.5

⑧ 車縫。

⑨ 將問號鉤扣接於本體的D型環。

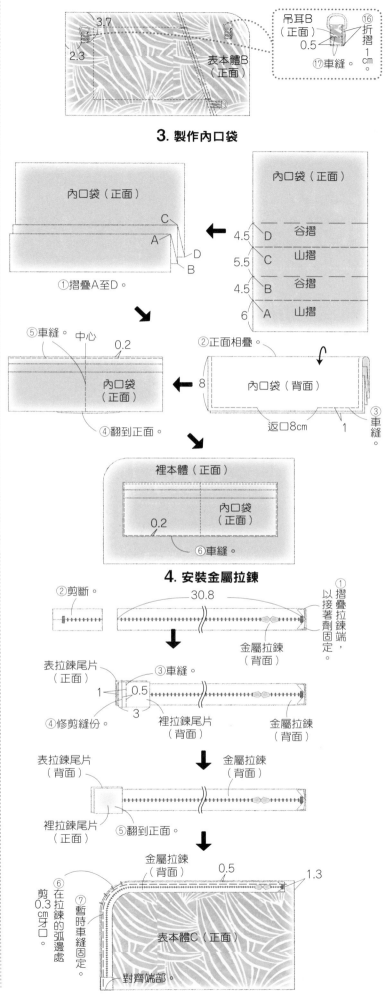

3.7

2.3

表本體B（正面）

吊耳B（正面）

⑯

0.5

折摺 1 cm。

⑰ 車縫。

3. 製作內口袋

內口袋（正面）

內口袋（正面）

C

A

D

B

4.5 D 谷摺

5.5 C 山摺

4.5 B 谷摺

6 A 山摺

① 摺疊A至D。

② 正面相疊。

⑤ 車縫。 中心

0.2

內口袋（正面）

8

內口袋（背面）

③ 車縫。

④ 翻到正面。

返口8cm

1

裡本體（正面）

內口袋（正面）

0.2

⑥ 車縫。

4. 安裝金屬拉鍊

② 剪斷。

30.8

① 摺疊拉鍊端，以接著劑固定。

金屬拉鍊（背面）

表拉鍊尾片（正面）

③ 車縫。

1 0.5

3

④ 修剪縫份。

裡拉鍊尾片（背面）

金屬拉鍊（背面）

表拉鍊尾片（背面）

金屬拉鍊（背面）

裡拉鍊尾片（正面）

⑤ 翻到正面。

金屬拉鍊（背面）

0.5

1.3

⑥ 剪 0.3 cm牙口 在拉鍊的弧邊處

⑦ 暫時車縫固定

表本體C（正面）

對齊端部。

休閒後背包

材料

表布（亞麻帆布）110cm×70cm

裡布（平織布）110cm×110cm

接著襯（厚）110cm×70cm

金屬拉鍊 40cm・20cm 各2條

後背包背帶（寬3cm 長約55至100cm）1組

裁布圖

※表・裡上下側身及前內口袋無原寸紙型，請依標示尺寸（已含縫份）直接裁剪。

※▨▨▨處需於背面燙貼接著襯。

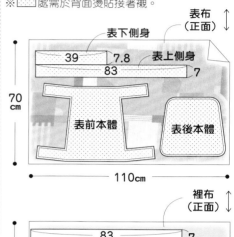

表布（正面）

表下側身 39 7.8 表上側身 83 7

70cm

表前本體　表後本體

110cm

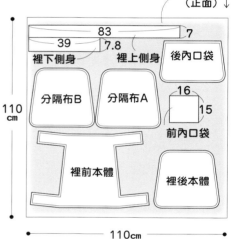

裡布（正面）

83 7

39 7.8

裡下側身　裡上側身　後內口袋

110cm

分隔布B　分隔布A

16 15

前內口袋

裡前本體　裡後本體

110cm

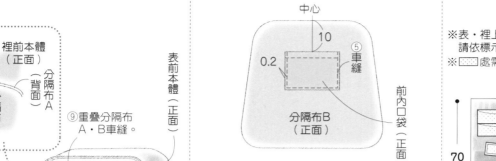

表前本體（背面）　裡前本體（正面）

分隔布A（背面）

分隔布B（正面）

分隔布B（正面）

⑨重疊分隔布A・B車縫。

表前本體（正面）

1

---

3. 製作側身

摺向裡側　中心　1

0.4

裡上側身（背面）

拉鍊（40cm）（正面）

表上側身（背面）

①車縫。

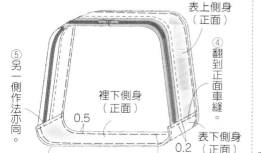

②翻到正面車縫。

表上側身（正面）

0.2

拉鍊（正面）

③車縫。

表下側身（背面）

裡下側身（正面）

1

表上側身（正面）

⑤另一側作法亦同。

裡下側身（正面）

0.5

④翻到正面車縫。

表下側身（正面）

0.2

⑥暫時車縫固定。

---

2. 製作前本體

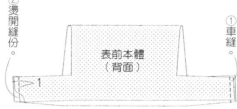

中心

10

0.2

分隔布B（正面）

⑤車縫

前內口袋（正面）

---

②燙開縫份。

表前本體（背面）

①車縫。

1

---

④燙開縫份。

表前本體（背面）

拉鍊安裝位置　拉鍊安裝位置

③對齊脇邊線與☆車縫（安裝拉鍊的位置以粗針目車縫）。

1

※裡前本體作法亦同。

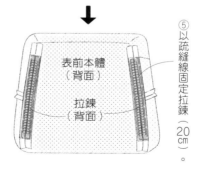

表前本體（背面）

拉鍊（背面）

⑤以疏縫線固定拉鍊（20cm）。

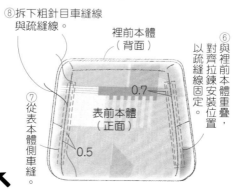

⑧拆下粗針目車縫線與疏縫線。

裡前本體（背面）

0.7

⑦從表本體側車縫。

表前本體（正面）

0.5

⑥與裡前本體重疊，對齊拉鍊安裝位置以疏縫線固定。

---

1. 製作內口袋

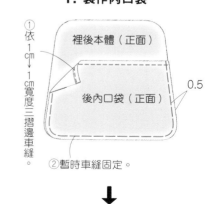

①依1cm→1cm寬度三摺邊車縫。

裡後本體（正面）

後內口袋（正面）

0.5

②暫時車縫固定。

④依1cm→1cm寬度三摺邊車縫。

前內口袋（正面）

1

③摺3個邊。

5. 接縫前本體&側身

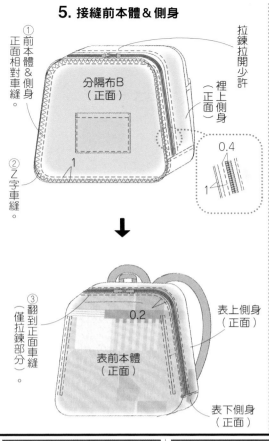

①前本體&側身正面相對車縫。

拉鍊拉開少許

分隔布B（正面）

裡上側身（正面）

②Z字車縫。

0.4

1

③翻到正面車縫（僅拉鍊部分）。

0.2

表上側身（正面）

表前本體（正面）

表下側身（正面）

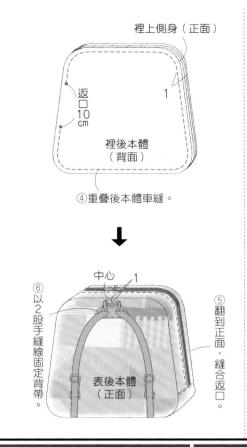

裡上側身（正面）

1

返口10cm

裡後本體（背面）

④重疊後本體車縫。

中心

1

⑥以2股手縫線固定背帶。

⑤翻到正面，縫合返口。

表後本體（正面）

4. 接縫後本體&側身

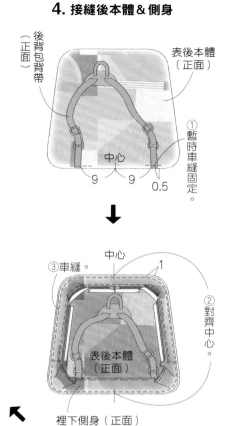

後背包背帶

（正面）

表後本體（正面）

①暫時車縫固定。

中心

9 9 0.5

③車縫。

中心

1

②對齊中心。

表後本體（正面）

裡下側身（正面）

完成尺寸	材料
寬28×高45cm	表布（聚酯纖維網紗）30cm×100cm
原寸紙型	裡布（聚酯纖維網紗）30cm×100cm
無	

P.08_ No.05

吾妻袋

---

2. 套疊表本體&裡本體

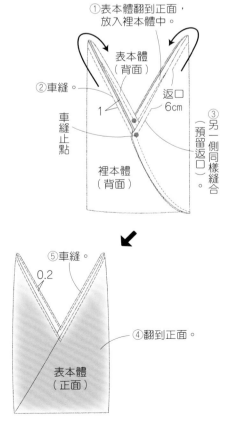

①表本體翻到正面，放入裡本體中。

表本體（背面）

②車縫。

1

返口6cm

車縫止點

③另一側同樣縫合（預留返口）。

裡本體（背面）

⑤車縫。

0.2

④翻到正面。

表本體（正面）

1. 製作本體

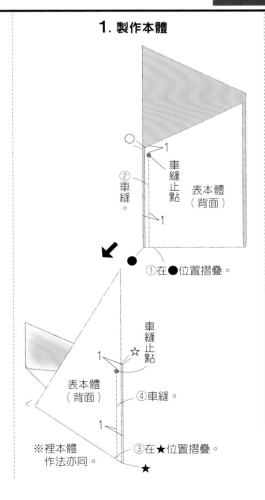

1

②車縫。

車縫止點

表本體（背面）

1

①在●位置摺疊。

車縫止點

1

☆

表本體（背面）

④車縫。

1

③在★位置摺疊。

★

※裡本體作法亦同。

裁布圖

※標示尺寸已含縫份。
※ ─ 處需加上合印記號。

25.8

※表布裡布裁法相同。

28

☆

27

26.5

★

100cm

94

●

26.5

27

☆

28

表布（正面）

表・裡本體

30cm

完成尺寸	材料
寬22×高13×側身10cm （提把28cm）	表布（棉布）110cm×60cm 裡布（平織布）90cm×50cm 接著襯（厚）90cm×40cm
原寸紙型	雙開拉鍊 40cm 1條
C面	四合釦 14mm 2組／布標 1片

P.11_ No.08

拉鍊包

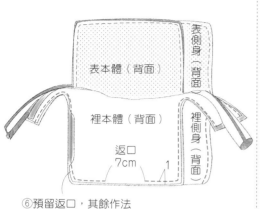

表側身（背面）

表本體（背面）

裡本體（背面）

裡側身（背面）

返口
7cm

1

⑥預留返口，其餘作法
比照表本體。

4. 完成

山摺線

②
摺
疊
。

0.2

1

③摺疊。　④車縫。

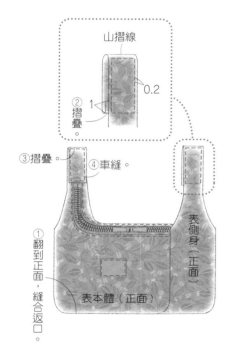

①
翻
到
正
面
，
縫
合
返
口
。

表側身（正面）

表本體（正面）

④安裝四合釦。

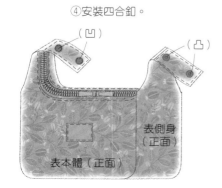

（凹）　　　　（凸）

表側身
（正面）

表本體（正面）

2. 安裝拉鍊

①在拉鍊中心作記號。

②暫時車縫固定。

0.5　0.3

中心

對
齊
中
心
。

拉鍊
（正面）

③
夾
入
拉
鍊
車
縫
。

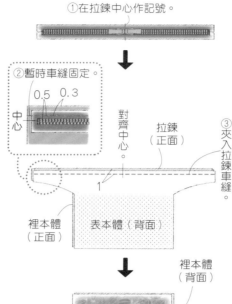

裡本體
（正面）

表本體（背面）

1

拉鍊
（正面）

裡本體
（背面）

③翻到正面
車縫。

表本體（正面）

0.2

表本體（正面）

1

④另一側作法亦同。

3. 接縫側身

表側身（正面）

表側身（背面）

1

①
車
縫
。

②燙開縫份。

※裡側身作法亦同。

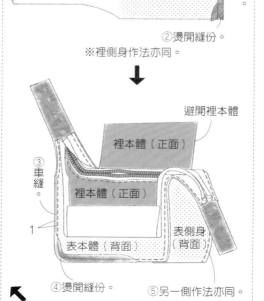

避開裡本體

裡本體（正面）

裡本體（正面）

③
車
縫
。

1

表側身
（背面）

表本體（背面）

④燙開縫份。　⑤另一側作法亦同。

裁布圖

※口袋無原寸紙型，請依標示尺寸
（已含縫份）直接裁剪。

※▢處需於背面燙貼接著襯。

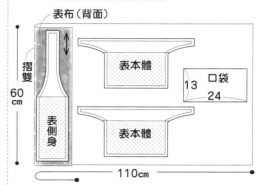

表布（背面）

摺
雙

60
cm

表
側
身

表本體

口袋
13　24

表本體

110cm

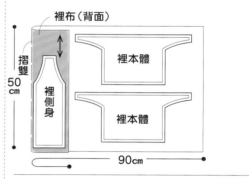

裡布（背面）

摺
雙

50
cm

裡
側
身

裡本體

裡本體

90cm

1. 縫上口袋＆布標

①依1cm→1cm寬度
三摺邊車縫。

1

1

0.2

口袋（背面）

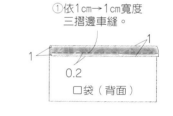

表本體
（正面）

口袋
（正面）

0.5

②暫時車縫固定。

③車縫。

中心

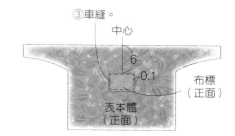

6

0.1

布標
（正面）

表本體
（正面）

74

裁布圖

※標示尺寸已含縫份。

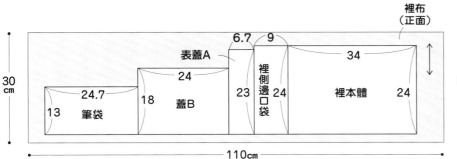

裡布（正面）

6.7	9		34

表蓋A
24
蓋B

裡側邊口袋

裡本體

30cm

24.7
18
23
24
24

13　筆袋

110cm

表布（正面）

9　6

34
表側邊口袋
裡蓋A

30cm

24　表本體
24
23

60cm

---

4. 製作蓋B

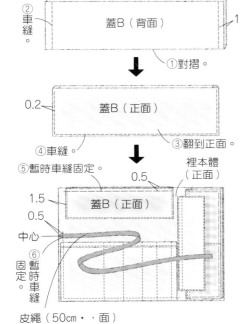

②車縫。
蓋B（背面）
1
①對摺。

0.2
蓋B（正面）

④車縫。
③翻到正面。

⑤暫時車縫固定。
0.5
裡本體（正面）

1.5
蓋B（正面）
0.5
中心
⑥固定。暫時車縫

皮繩（50cm‧‧面）

5. 疊合表本體＆裡本體

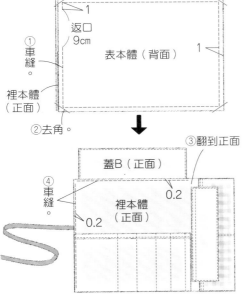

1
返口9cm
①車縫。
表本體（背面）
1
裡本體（正面）
②去角。

蓋B（正面）
③翻到正面。
④車縫。
0.2
裡本體（正面）
0.2

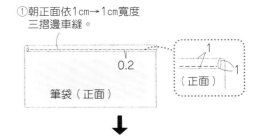

裡本體（正面）
⑥暫時車縫固定。
0.5
表側邊口袋（正面）

3. 製作蓋A

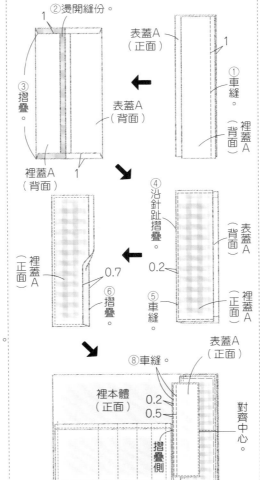

②燙開縫份。
1
③摺疊。
裡蓋A（背面）
1

表蓋A（正面）
1
①車縫。
表蓋A（背面）
裡蓋A（背面）

④沿針趾摺疊。
裡蓋A（正面）
0.7
⑥摺疊。
表蓋A（背面）
0.2
⑤車縫。
裡蓋A（正面）

⑧車縫。
表蓋A（正面）
裡本體（正面）
0.2
0.5
對齊中心。
摺疊側
10

---

1. 製作筆袋

①朝正面依1cm→1cm寬度三摺邊車縫。

0.2
筆袋（正面）
1
1
（正面）

裡本體（正面）
0.7
筆袋（背面）
②車縫。
10.7

③翻到正面。

筆袋（正面）
裡本體（正面）
4 4 3 3
1
0.5
⑤暫時車縫固定。
④車縫。

2. 製作側邊口袋

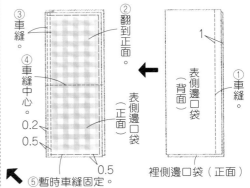

③車縫。
②翻到正面。
1
④車縫中心。
表側邊口袋（背面）
0.2
表側邊口袋（正面）
①車縫。
0.2
0.5
裡側邊口袋（正面）
⑤暫時車縫固定。

完成尺寸	材料
寬40×高28×側身23cm	表布（10號石蠟帆布）112cm×80cm
	配布（11號帆布）112cm×40cm
原寸紙型	裡布（保溫保冷鋁箔布）120cm×70cm
A面	接著襯（厚）110cm×10cm／已燙縫份滾邊條 寬1cm 270cm
	疊緣 寬8cm 260cm／圓皮繩 粗3mm 25cm
	5號Coil拉鍊 45cm 2條／底板 40cm×25cm

P.13_ No.09
食物外攜袋

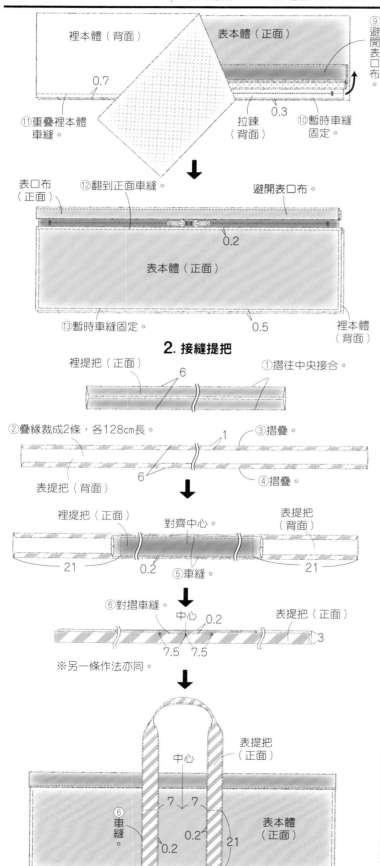

⑨避開表口布。

①裡本體（背面）　表本體（正面）

0.7

⑪重疊裡本體車縫。

拉鍊（背面）　0.3　⑩暫時車縫固定。

⑫翻到正面車縫。

表口布（正面）

避開表口布。

表本體（正面）

0.2

⑬暫時車縫固定。　0.5　裡本體（背面）

2. 接縫提把

裡提把（正面）　①摺往中央接合。

6

②疊緣裁成2條，各128cm長。　③摺疊。

1　④摺疊。

6

表提把（背面）

裡提把（正面）　對齊中心。　表提把（背面）

21　0.2　⑤車縫。　21

⑥對摺車縫。

中心　0.2　表提把（正面）

3

7.5　7.5

※另一條作法亦同。

表提把（正面）

中心

表本體（正面）

⑥車縫。

7　7

0.2　21

0.2

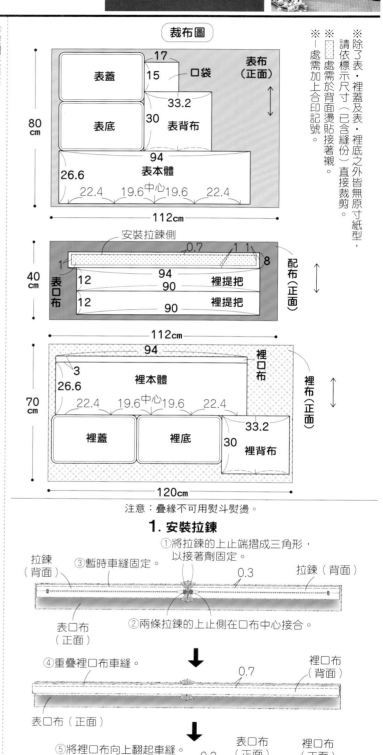

裁布圖

※ 除了表・裡蓋及表・裡底之外皆無原寸紙型，請依標示尺寸（已含縫份）直接裁剪。

※ 處需於背面燙貼接著襯。

※ ─ 處需加上合印記號。

表布（正面）

17　口袋
表蓋　15
33.2
80cm　表底　30　表背布
94　表本體
26.6
22.4　19.6　中心　19.6　22.4
112cm

配布（正面）

安裝拉鍊側
0.7　1　1
1　8
40cm　表口布　12　94　裡提把
90
12　裡提把
90
112cm

裡布（正面）

94　裡口布
3　裡本體
26.6
70cm　22.4　19.6　中心　19.6　22.4
裡蓋　裡底　33.2
30　裡背布
120cm

注意：疊緣不可用熨斗熨燙。

1. 安裝拉鍊

①將拉鍊的上止端摺成三角形，以接著劑固定。

拉鍊（背面）　③暫時車縫固定。　0.3　拉鍊（背面）

表口布（正面）　②兩條拉鍊的上止側在口布中心接合。

④重疊裡口布車縫。　裡口布（背面）

0.7

表口布（正面）

⑤將裡口布向上翻起車縫。　表口布（正面）　裡口布（正面）

0.2

⑦暫時車縫固定。　0.5　4.8

⑧避開拉鍊車縫。　0.2　⑥摺疊表口布。

4. 接縫蓋&袋

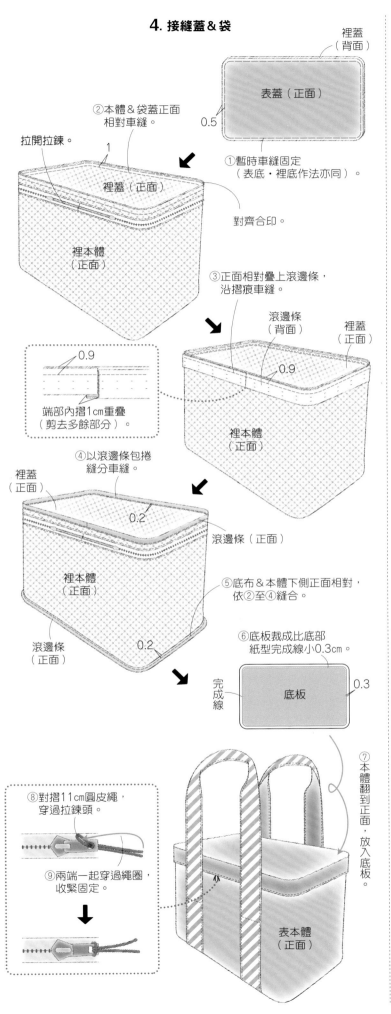

裡蓋（背面）

表蓋（正面）

0.5

②本體&袋蓋正面相對車縫。

拉開拉鍊。

1

裡蓋（正面）

裡本體（正面）

對齊合印。

①暫時車縫固定（表底・裡底作法亦同）。

③正面相對疊上滾邊條，沿摺痕車縫。

0.9

端部內摺1cm重疊（剪去多餘部分）。

滾邊條（背面）

裡蓋（正面）

0.9

裡本體（正面）

④以滾邊條包捲縫分車縫。

裡蓋（正面）

0.2

裡本體（正面）

滾邊條（正面）

滾邊條（正面）

0.2

⑤底布&本體下側正面相對，依②至④縫合。

⑥底板裁成比底部紙型完成線小0.3cm。

完成線

底板

0.3

⑦本體翻到正面，放入底板。

⑧對摺11cm圓皮繩，穿過拉鍊頭。

⑨兩端一起穿過繩圈，收緊固定。

表本體（正面）

3. 製作本體

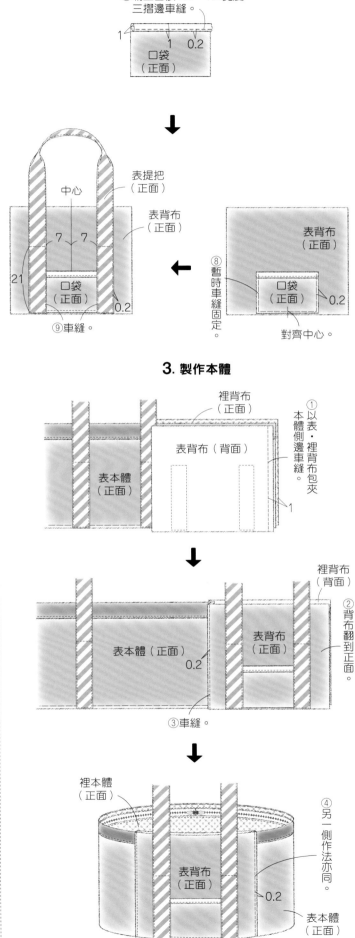

⑦朝正面依1cm→1cm寬度三摺邊車縫。

1   1   0.2

口袋（正面）

中心

表提把（正面）

表背布（正面）

7 7

21

口袋（正面）

0.2

⑨車縫。

⑧暫時車縫固定。

表背布（正面）

口袋（正面）

0.2

對齊中心。

裡背布（正面）

表本體（正面）

表背布（背面）

①以表・裡背布包夾本體側邊布車縫。

1

②背布翻到正面。

裡背布（背面）

表本體（正面）

表背布（正面）

0.2

③車縫。

裡本體（正面）

④另一側作法亦同。

表背布（正面）

0.2

表本體（正面）

完成尺寸
寬50×高41.5×側身17cm
（提把49cm）

原寸紙型
無

材料
表布（進口布）160cm×70cm
圓繩 粗0.3cm 240cm

P.25_ No.**13**
束口環保包

掃QR Code
看作法影片！
https://youtu.be/7kDhRo2VkEU

裁布圖
※標示尺寸已含縫份。

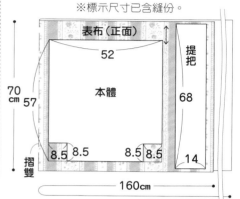

表布（正面）
提把
52
本體
70cm
57
68
8.5 8.5 8.5 8.5
摺雙
14
160cm

1. 製作本體

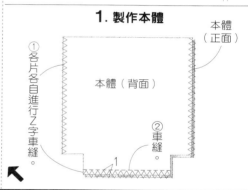

① 各片各自進行Z字車縫
本體（背面）
本體（正面）
② 車縫
1

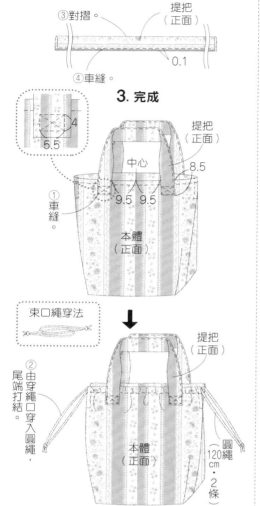

③ 對摺。
提把（正面）
0.1
④ 車縫。

3. 完成

4
5.5

提把（正面）
中心
8.5
9.5 9.5
① 車縫。
本體（正面）

束口繩穿法

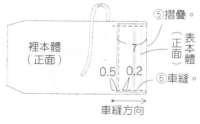

提把（正面）
② 由穿繩口穿入圓繩，尾端打結。
本體（正面）
圓繩 120cm・2條

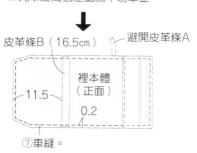

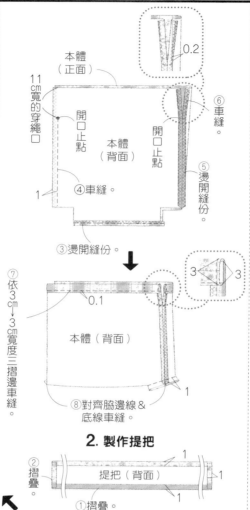

0.2
本體（正面）
11cm寬的穿繩口
開口止點
開口止點
本體（背面）
⑥ 車縫。
⑤ 燙開縫份。
④ 車縫。
1
③ 燙開縫份。
3 3

⑦ 依3cm→3cm寬度三摺邊車縫。
0.1
本體（背面）
⑧ 對齊脇邊線＆底線車縫。
1

2. 製作提把

② 摺疊。
提把（背面）
① 摺疊。
1
1

完成尺寸
寬32×高16.5cm

原寸紙型
無

材料
表布（棉布）45cm×20cm
裡布（棉厚織79號）45cm×20cm
皮革條A 寬0.5cm 25cm
皮革條B 寬1.5cm 20cm

P.48_ No.**34**
文庫本書套

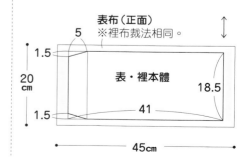

裁布圖
※標示尺寸已含縫份。

表布（正面）
※裡布裁法相同。
5
1.5
表・裡本體
20cm
18.5
1.5
41
45cm

1. 製作本體

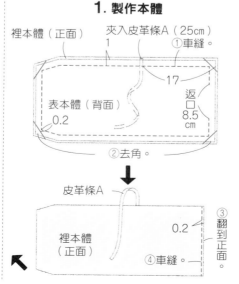

裡本體（正面）
夾入皮革條A（25cm）
① 車縫。
1
表本體（背面）
17
返口 8.5cm
0.2
② 去角。

皮革條A
0.2
③ 翻到正面。
裡本體（正面）
④ 車縫。

裡本體（正面）
表本體（正面）
7
0.5 0.2
⑤ 摺疊。
⑥ 車縫。
車縫方向
※先車縫高低差處就不易車歪。

皮革條B（16.5cm）
避開皮革條A
11.5
裡本體（正面）
0.2
⑦ 車縫。

78

完成尺寸	材料	
寬21.5×高24cm （提把30cm）	表布（進口布）160cm×40cm 裡布（棉布）110cm×30cm 接著襯（軟）92cm×40cm	**P.25_ No.14** **袋口段差剪裁扁平包**

原寸紙型

A面

返口11cm

⑤車縫。
1

裡前本體（背面）

④表本體＆裡本體各自正面相疊。

裡後本體（正面）

裡前本體（正面）

表前本體（背面）

表後本體（正面）

⑥在弧邊處的縫份剪0.8cm牙口。

↓

0.1

⑧車縫。

表前本體（正面）

⑦翻到正面，縫合返口。

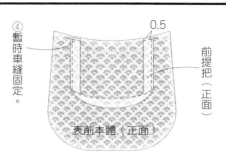

④暫時車縫固定。

0.5

前提把（正面）

表前本體（正面）

※表後本體＆後提把作法亦同。

2. 製作本體

②在弧邊處的縫份剪0.8cm牙口。

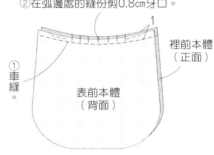

1

裡前本體（正面）

①車縫。

表前本體（背面）

↓

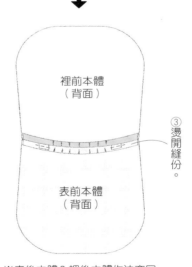

裡前本體（背面）

③燙開縫份。

表前本體（背面）

※表後本體＆裡後本體作法亦同。

**掃QR Code
看作法影片！**

https://youtu.be/m8rrSEdliiM

裁布圖

※▨▨處需於背面燙貼接著襯。

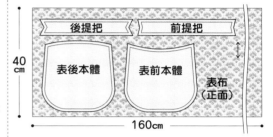

後提把　前提把

40cm

表後本體　表前本體

表布（正面）

160cm

30cm

裡後本體　裡前本體

裡布（正面）

110cm

1. 接縫提把

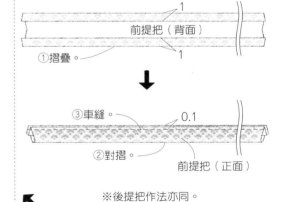

1
前提把（背面）
1
①摺疊。

↓

③車縫。　0.1
②對摺。
前提把（正面）

※後提把作法亦同。

固定釦安裝方式

木槌
敲具
固定釦（釦面）
【完成】
④放上平凹斬，以木槌敲打固定。

固定釦（釦面）
本體（正面）
③蓋上固定釦的釦面。

固定釦（釦腳）　打釦台
本體（正面）
②以圓斬等在安裝位置打洞，由背面穿出釦腳。

打釦台　固定釦（釦腳）
①將釦腳置於打釦台上。

固定釦
釦面　釦腳

立方體波士頓包

完成尺寸
寬25.5×高20×側身12cm
（提把50cm）

原寸紙型
無

材料
表布（8號水洗帆布）92cm×65cmm
裡布（11號帆布）100cm×65cm
雙開拉鍊 50cm 1條／彈簧釦 9mm 1組
人字帶 寬2.5cm 210cm／布用雙面膠帶 寬5mm 400cm

裁布圖　　※標示尺寸已含縫份。　　※｜處需剪0.8cm牙口。

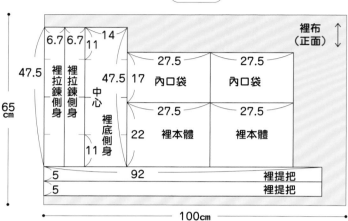

裡布（正面）

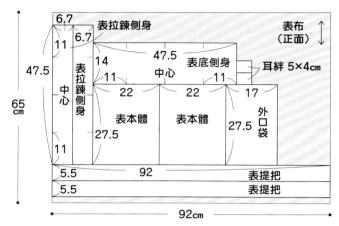

表布（正面）

耳絆 5×4cm

---

3. 製作拉鍊側身

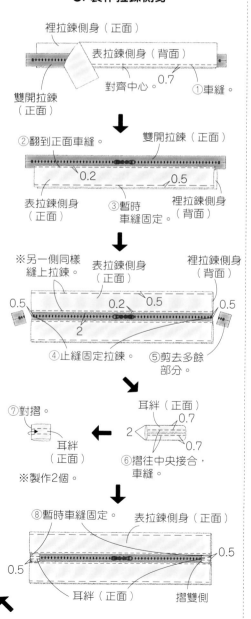

2. 縫上口袋

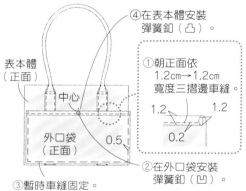

④在表本體安裝彈簧釦（凸）。

①朝正面依 1.2cm→1.2cm 寬度三摺邊車縫。

②在外口袋安裝彈簧釦（凹）。

③暫時車縫固定。

⑤朝正面依1cm→1cm寬度三摺邊車縫。

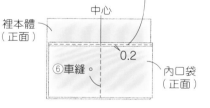

⑥車縫。

※另一片作法亦同。

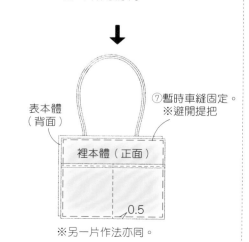

⑦暫時車縫固定。
※避開提把

※另一片作法亦同。

1. 接縫提把

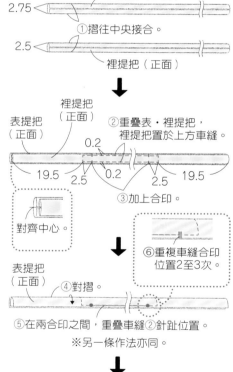

②重疊表・裡提把，裡提把置於上方車縫。

③加上合印。

⑥重複車縫合印位置2至3次。

④對摺。

⑤在兩合印之間，重疊車縫②針趾位置。

※另一條作法亦同。

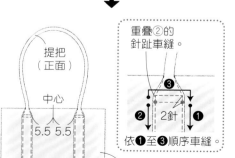

重疊②的針趾車縫。

依❶至❸順序車縫。

※另一片作法亦同。

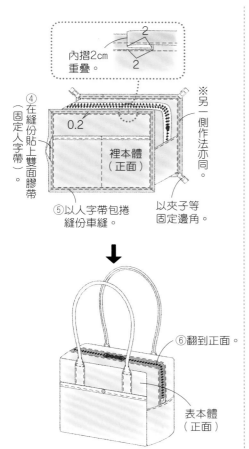

內摺2cm重疊。

④在縫份貼上雙面膠帶（固定人字帶）。

0.2

裡本體（正面）

※另一側作法亦同。

⑤以人字帶包捲縫份車縫。

以夾子等固定邊角。

⑥翻到正面。

表本體（正面）

4. 製作本體

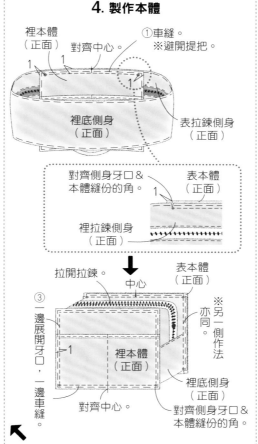

裡本體（正面）

對齊中心。

①車縫。
※避開提把。

裡底側身（正面）

表拉鍊側身（正面）

對齊側身牙口＆本體縫份的角。

表本體（正面）

裡拉鍊側身（正面）

拉開拉鍊。

中心

表本體（正面）

③一邊展開牙口，一邊車縫。

※另一側作法亦同。

裡本體（正面）

裡底側身（正面）

對齊中心。

對齊側身牙口＆本體縫份的角。

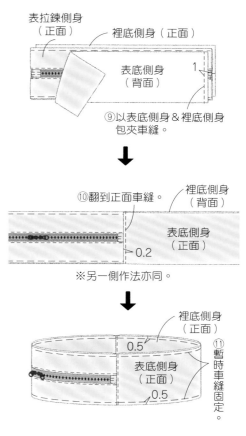

表拉鍊側身（正面）

裡底側身（正面）

表底側身（背面）

⑨以表底側身＆裡底側身包夾車縫。

⑩翻到正面車縫。

裡底側身（背面）

表底側身（正面）

0.2

※另一側作法亦同。

裡底側身（正面）

0.5

表底側身（正面）

0.5

⑪暫時車縫固定。

完成尺寸	材料（※■…S・■…M・■…通用）	P.53_ No.40
寬15×長15×高3.5cm 寬16×長16×高3.5cm	**表布**（平織布）15cm×10cm 5片・20cm×15cm 5片 **配布**（平織布）15cm×15cm ・20cm×20cm **裡布**（平織布）30cm×25cm・35cm×30cm **接著鋪棉**（厚）30cm×25cm・35cm×30cm **圓繩** 粗3mm 10cm	花朵茶壺墊 S・M

原寸紙型
D面

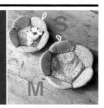

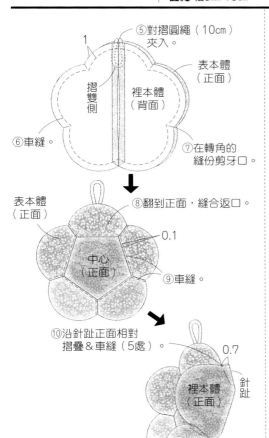

⑤對摺圓繩（10cm）夾入。

表本體（正面）

摺雙側

裡本體（背面）

⑥車縫。

⑦在轉角的縫份剪牙口。

表本體（正面）

⑧翻到正面，縫合返口。

0.1

中心（正面）

⑨車縫。

⑩沿針趾正面相對摺疊＆車縫（5處）。

0.7

裡本體（正面）

針趾

1. 製作本體

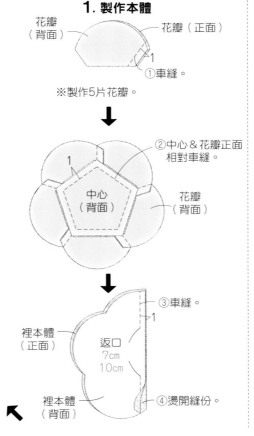

花瓣（背面）

花瓣（正面）

①車縫。

※製作5片花瓣。

②中心＆花瓣正面相對車縫。

中心（背面）

花瓣（背面）

③車縫。

裡本體（正面）

返口
7cm
10cm

裡本體（背面）

④燙開縫份。

裁布圖

※■…S・■…M・■…通用
※□ 處需於背面燙貼接著鋪棉。

10·15cm

花瓣（5片）

表布（正面）

← 15・20cm →

15·20cm

中心

配布（正面）

← 15・20cm →

裡布（正面）

25·30cm

裡本體　裡本體

※紙型翻面使用。

← 30・35cm →

完成尺寸
寬39×高27×側身10cm

原寸紙型
A面

材料
表布（進口布）160cm×40cm
配布（進口布）160cm×30cm
裡布（棉布）135cm×40cm
接著襯（軟）92cm×45cm／繩索 寬0.5cm 200cm
皮革提把（寬1cm長40cm）1組／底板 15cm×10cm

---

3. 製作裡本體

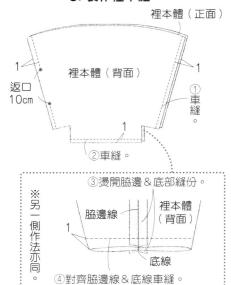

裡本體（正面）
裡本體（背面）
返口 10cm
1
1
①車縫。
②車縫。

③燙開脇邊&底部縫份。
脇邊線
裡本體（背面）
底線
④對齊脇邊線&底線車縫。
※另一側作法亦同。

4. 接縫貼邊

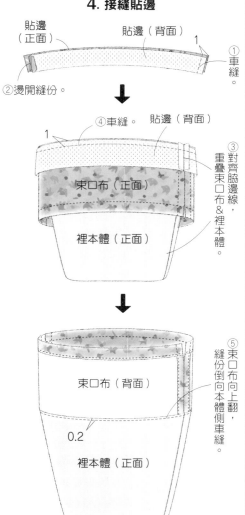

貼邊（正面）
貼邊（背面）
1
①車縫。
②燙開縫份。

④車縫。
貼邊（背面）
束口布（正面）
裡本體（正面）
③對齊脇邊線，重疊束口布&裡本體。

束口布（背面）
0.2
裡本體（正面）
⑤束口布向上翻，縫份倒向本體側車縫。

裁布圖

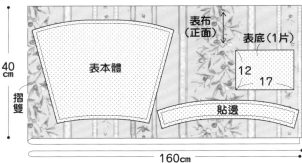

表布（正面）
40cm
摺雙
表本體
表底（1片）
12
17
貼邊
160cm

掃QR Code 看作法影片！
https://youtu.be/x5i2VqwaedM

※表底・束口布無原寸紙型，請依標示尺寸（已含縫份）直接裁剪。
※ □ 需於背面燙貼接著襯。

配布（正面）
30cm
摺雙
22
束口布
39.8
160cm

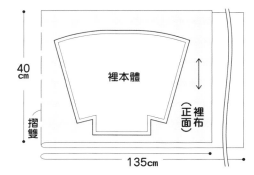
40cm
摺雙
裡本體
（正面）（裡布）
135cm

---

2. 製作表本體

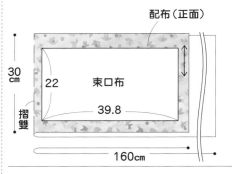

表本體（正面）
表底（背面）
1
1
①車縫。
接底止點
接底止點
※另一側作法亦同。

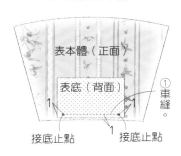
表本體（正面）
表本體（背面）
1
1
③車縫。
②在接底止點的縫份剪牙口。
表底（背面）

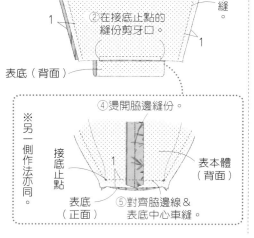
④燙開脇邊縫份。
表本體（背面）
1
接底止點
表底（正面）
⑤對齊脇邊線&表底中心車縫。
※另一側作法亦同。

---

1. 製作束口布

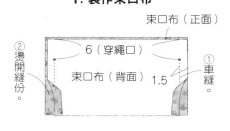

束口布（正面）
②燙開縫份。
6（穿繩口）
束口布（背面）1.5
①車縫。

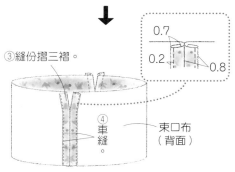
0.7
0.2
0.8
③縫份摺三褶。
④車縫。
束口布（背面）

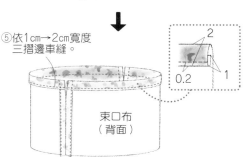
⑤依1cm→2cm寬度三摺邊車縫。
2
0.2
1
束口布（背面）

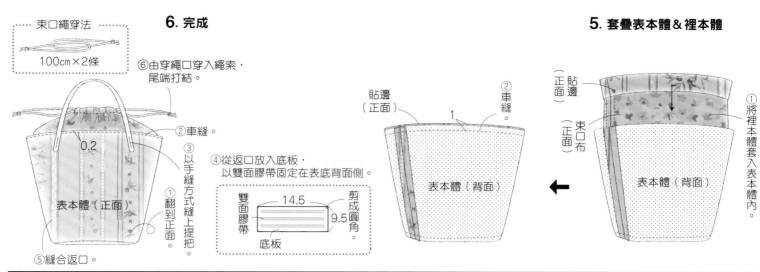

6. 完成

束口繩穿法

100cm×2條

⑥由穿繩口穿入繩索，尾端打結。

②車縫。

③以手縫方式縫上提把。

①翻到正面。

④從返口放入底板，以雙面膠帶固定在表底背面側。

⑤縫合返口。

0.2

表本體（正面）

雙面膠帶

14.5

9.5

剪成圓角

底板

5. 套疊表本體&裡本體

貼邊（正面）

②車縫

1

表本體（背面）

正面 貼邊

正面 束口布

正面

①將裡本體套入表本體內。

表本體（背面）

完成尺寸	材料	P.54_ No.45
寬8×高9×側身6cm	表布（平織布）15cm×30cm	口金波奇包
原寸紙型	配布（平織布）30cm×15cm	
D面	裡布（棉布）20cm×30cm	
	接著鋪棉 20cm×30cm／口金（寬12cm 高5cm）1個	

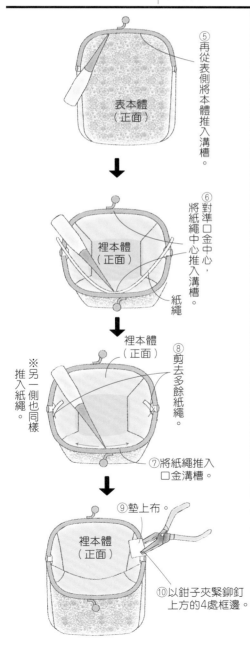

⑤再從表側將本體推入溝槽。

表本體（正面）

⑥對準口金中心，將紙繩中心推入溝槽。

裡本體（正面）

紙繩

裡本體（正面）

⑧剪去多餘紙繩。

※另一側也同樣推入紙繩。

⑦將紙繩推入口金溝槽。

裡本體（正面）

⑨墊上布。

⑩以鉗子夾緊鉚釘上方的4處框邊。

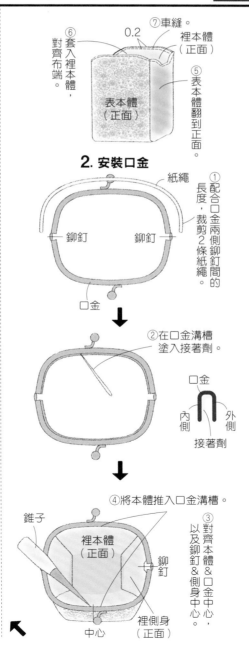

⑦車縫。

⑥套入裡本體，對齊布端。

0.2

裡本體（正面）

表本體（正面）

⑤表本體翻到正面。

2. 安裝口金

紙繩

鉚釘

鉚釘

①配合口金兩側鉚釘間的長度，裁剪2條紙繩。

口金

②在口金溝槽塗入接著劑。

口金

內側

外側

接著劑

④將本體推入口金溝槽。

錐子

裡本體（正面）

鉚釘

裡側身（正面）

中心

③對齊本體&口金中心，以及鉚釘&側身中心。

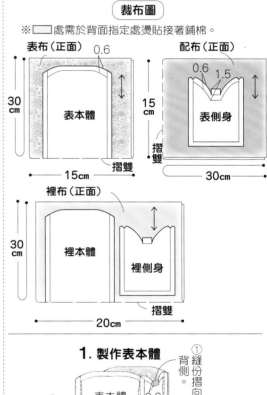

裁布圖

※□□處需於背面指定處燙貼接著鋪棉。

表布（正面）

0.6

30cm

表本體

15cm

摺雙

配布（正面）

0.6 1.5

15cm

表側身

摺雙

30cm

裡布（正面）

30cm

裡本體

裡側身

摺雙

20cm

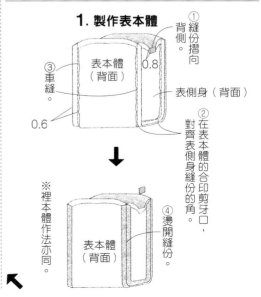

1. 製作表本體

①縫份摺向背側。

表本體（背面）

0.8

③車縫。

表側身（背面）

0.6

②在表本體的合印剪牙口，對齊表側身縫份的角。

表本體（背面）

④燙開縫份。

※裡本體作法亦同。

完成尺寸
寬50×高35cm

原寸紙型
B面

材料
表布（進口布）140cm×85cm
裡布（棉布）147cm×50cm
鬆緊帶 寬2.5cm 50cm

P.26_ No.15
寬版提把大容量包

掃QR Code
看作法影片！

https://youtu.be/rwhttrd5gWg

裁布圖

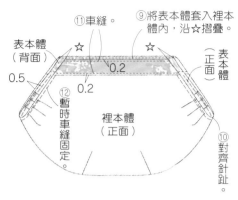

⑪車縫。
⑨將表本體套入裡本體內，沿☆摺疊。
表本體（背面）
0.5
0.2
0.2
裡本體（正面）
表本體（正面）
⑫暫時車縫固定。
⑩對齊針趾。

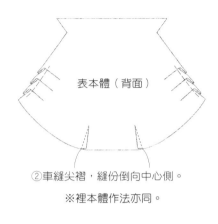

表本體（背面）

②車縫尖褶，縫份倒向中心側。

※裡本體作法亦同。

表布（正面）

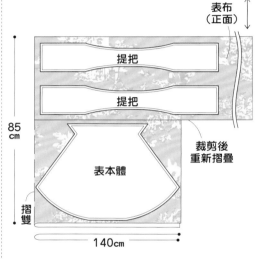

⬇

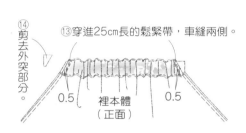

⑭剪去外突部分。
⑬穿進25cm長的鬆緊帶，車縫兩側。
0.5
0.5
裡本體（背面）
裡本體（正面）

※另一側作法亦同。

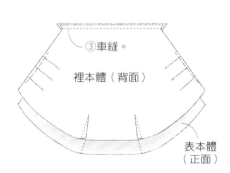

③車縫。
裡本體（背面）

表本體（正面）

※另一組作法亦同。

85 cm
提把
提把
裁剪後重新摺疊
表本體
摺雙
140cm

⬇

50 cm
裡布（正面）
裡本體
摺雙
147cm

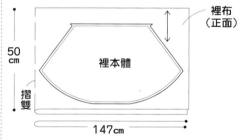

2. 接縫提把

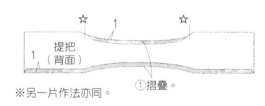

☆ 1 ☆
提把（背面）
1

※另一片作法亦同。

①摺疊。

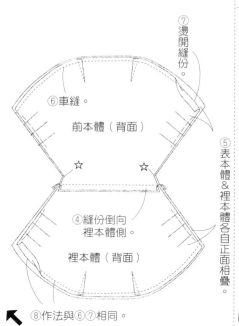

⑦燙開縫份。
⑥車縫。
前本體（背面）
☆ ☆
④縫份倒向裡本體側。
裡本體（背面）
⑤表本體＆裡本體各自正面相疊。

1. 製作本體

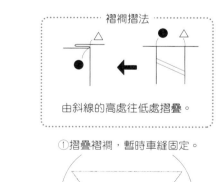

褶襉摺法
△ ● △
●
由斜線的高處往低處摺疊。

①摺疊褶襉，暫時車縫固定。

⬇

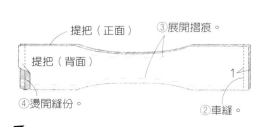

提把（正面）
③展開摺痕。
提把（背面）
1
④燙開縫份。
②車縫。

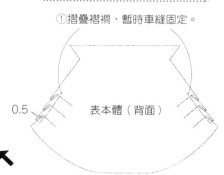

0.5
表本體（背面）

↖ ⑧作法與⑥⑦相同。

↖

84

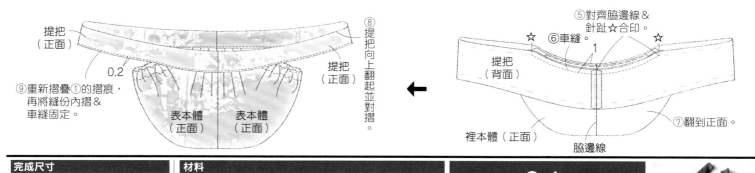

提把（正面）

0.2

⑨重新摺疊①的摺痕，再將縫份內摺＆車縫固定。

提把（正面）

表本體（正面）　表本體（正面）

⑧提把向上翻起並對摺。

⑤對齊脇邊線＆針趾☆合印。

⑥車縫　1

提把（背面）

☆　☆

⑦翻到正面。

裡本體（正面）

脇邊線

完成尺寸	材料	P.08_ No. 04
寬34×高55cm	**表布**（聚酯纖維網紗）60cm×120cm	**環保袋**
原寸紙型	**裡布**（聚酯纖維網紗）60cm×120cm	
A面		

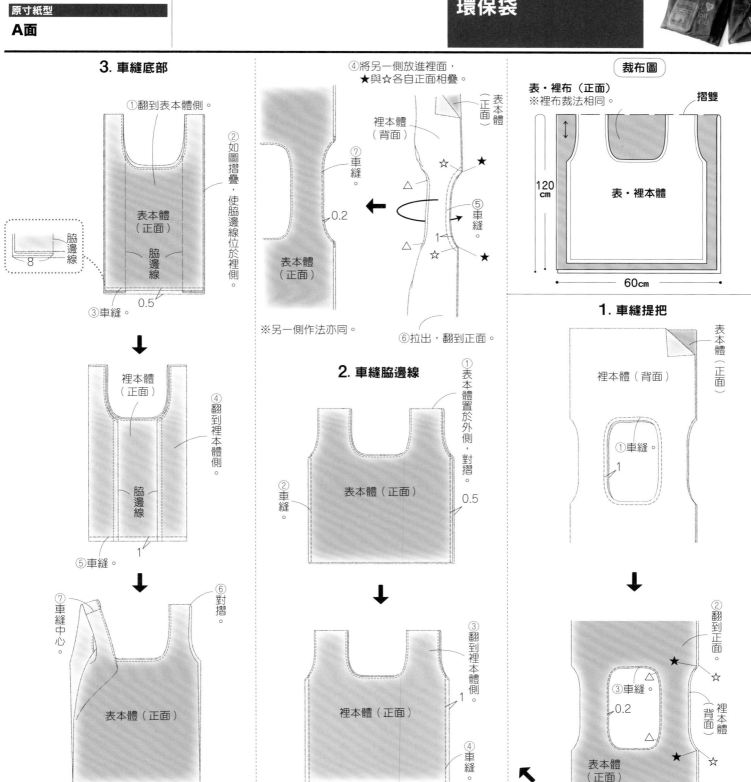

3. 車縫底部

①翻到表本體側。

②如圖摺疊，使脇邊線位於裡側。

表本體（正面）

脇邊線

脇邊線

③車縫。　0.5

脇邊線　8

裡本體（正面）

脇邊線

④翻到裡本體側。

⑤車縫。　1

⑦車縫中心。

⑥對摺。

表本體（正面）

④將另一側放進裡面，★與☆各自正面相疊。

表本體（正面）

裡本體（背面）

⑦車縫。　0.2

△

△

☆　★

☆　★

⑤車縫。　1

⑥拉出，翻到正面。

表本體（正面）

※另一側作法亦同。

2. 車縫脇邊線

①表本體置於外側，對摺。

②車縫。

表本體（正面）　0.5

③翻到裡本體側。

裡本體（正面）　1

④車縫。

裁布圖

表・裡布（正面）
※裡布裁法相同。

摺雙

120cm

表・裡本體

60cm

1. 車縫提把

表本體（正面）

裡本體（背面）

①車縫。　1

②翻到正面。

★　△

③車縫。　0.2

△　★　☆

裡本體（背面）

表本體（正面）

完成尺寸	材料	
寬5×高4cm	印度刺繡緞帶 寬5.6cm 14cm	
	耳環五金（螺旋耳夾・3mm）1組	
原寸紙型	單圈（3mm・金色）4個	
無	馬口夾（半圓形20mm）2個	
	寶石吊飾（8mm）2個	

P.36_ No.24
印度刺繡緞帶耳環

2. 組裝配件

①以單圈串接耳環五金＆寶石吊飾。

②以單圈扣接馬口夾。

耳環
單圈
寶石吊飾
寶石吊飾
單圈
耳環五金
馬口夾

※另一只耳環作法亦同。

1. 製作本體

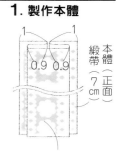

⑤以錐子推入外突部分。

馬口夾

④塗上白膠，夾入緞帶。

馬口夾

②略開。

③對摺。

緞帶（正面）

①摺疊緞帶。

1 1
0.9 0.9

本體 緞帶（正面7cm）

完成尺寸	材料	
寬7×高17cm	表布（亞麻布）30cm×30cm	
	裡布（棉布）20cm×20cm	
原寸紙型	接著鋪棉 30cm×30cm	
B面 或 **下載**	DMC25號繡線（367・368・3865・746）	
下載方法參見P.62		

P.35_ No.22
蕾絲花刺繡眼鏡包

裁布圖

※□□處需於背面燙貼接著鋪棉。
※1片表本體先完成刺繡再裁剪。

裡布（正面）

表布（正面）

20cm

20cm

30cm

30cm

裡本體

裡本體

表本體

表本體

裡本體（正面）

裡本體（背面）

②縫份倒向裡本體側。

8cm 返口

③表本體＆裡本體各自正面相疊。

④車縫。

1

⑤沿縫份邊修剪接著鋪棉。

表本體（背面）

表本體（正面）

⑥在弧邊處的縫份剪牙口。

⑧沿山摺線摺疊。

⑦翻到正面。

⑨縫合返口。

表本體（正面）

2. 製作本體

①車縫。

1

※表後本體＆裡本體作法亦同。

裡本體（背面）

表前本體（正面）

1. 刺繡

※（ ）內的藍色數字代表DMC繡線色號。
※（ ）內的紅色數字代表DMC繡線股數。

①將1片表本體完成刺繡再裁剪。

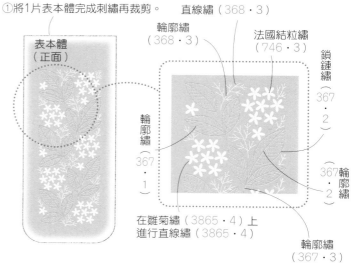

表本體（正面）

直線繡（368・3）
輪廓繡（368・3）
法國結粒繡（746・3）
鎖鏈繡（367・2）
輪廓繡（367・1）
367・2輪廓繡
在雛菊繡（3865・4）上進行直線繡（3865・4）
輪廓繡（367・3）

刺繡針法

鎖鏈繡	法國結粒繡	直線繡	雛菊繡	輪廓繡

→ 行進方向

印度刺繡緞帶髮帶

完成尺寸	材料
頭圍58cm	印度刺繡緞帶 寬7cm 42cm
	表寬布（棉布）45cm×30cm
原寸紙型	鬆緊帶 寬2.5cm 20cm
無	

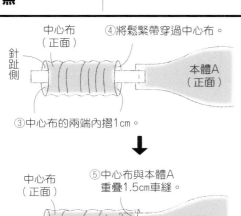

④將鬆緊帶穿過中心布。

中心布（正面）

針趾側

本體A（正面）

③中心布的兩端內摺1cm。

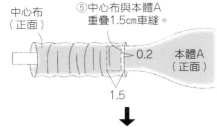

⑤中心布與本體A重疊1.5cm車縫。

中心布（正面）

0.2

本體A（正面）

1.5

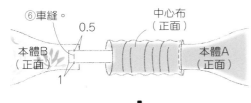

⑥車縫。

0.5

中心布（正面）

本體B（正面）

本體A（正面）

1

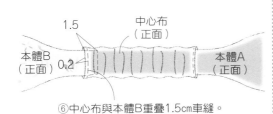

1.5

中心布（正面）

本體B（正面）

0.2

本體A（正面）

⑥中心布與本體B重疊1.5cm車縫。

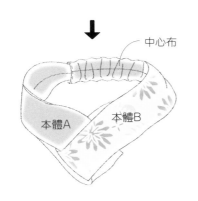

中心布

本體A

本體B

2. 組合本體A・B

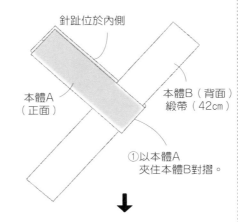

針趾位於內側

本體A（正面）

本體B（背面）緞帶（42cm）

①以本體A夾住本體B對摺。

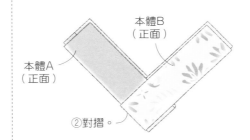

本體B（正面）

本體A（正面）

②對摺。

3. 穿入鬆緊帶

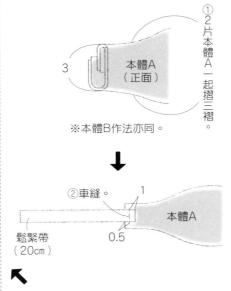

①2片本體A一起摺三褶。

3

本體A（正面）

※本體B作法亦同。

②車縫。 1

鬆緊帶（20cm）

0.5

本體A

裁布圖

※標示尺寸已含縫份。

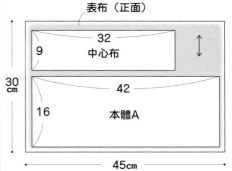

表布（正面）

32

9 中心布

30cm

42

16 本體A

45cm

1. 製作本體&中心布

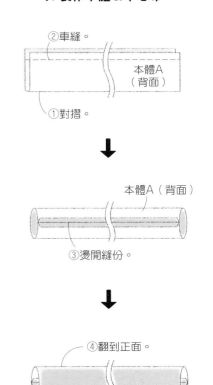

②車縫。

本體A（背面）

①對摺。

本體A（背面）

③燙開縫份。

本體A（背面）

④翻到正面。

本體A（正面）

※中心布作法亦同。

完成尺寸	材料
寬30×高16×側身10cm （提把26cm）	表布（牛津布）110cm×80cm 疊緣A（有圖案）約寬8cm 120cm 疊緣B（素色）約寬8cm 280cm 蠟繩 粗3mm 160cm 塑膠四合扣 13mm 2組
原寸紙型 無	

⑧翻到正面車縫。

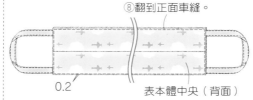

0.2　　表本體中央（背面）

3. 製作表本體

①疊緣B裁下32cm長×7片。

②兩片相疊車縫。

（背面）　1

（背面）

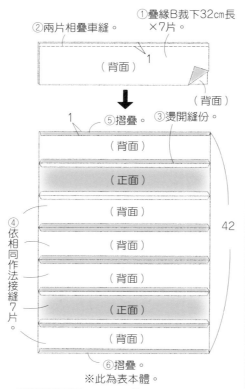

①依相同作法接縫7片

⑤摺疊。　③燙開縫份。

（背面）
（正面）
（背面）
（正面）
（背面）
（正面）
（背面）

42

⑥摺疊。
※此為表本體。

3　1.3

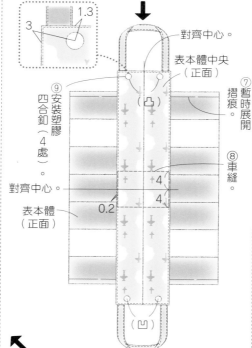

⑨安裝塑膠四合釦（4處）。

對齊中心。

對齊中心。　表本體中央（正面）

⑦暫時展開

⑧車縫

4
4

0.2

表本體（正面）

裁布圖

※標示尺寸已含縫份。
※疊緣A・B的裁法參見以下內文。

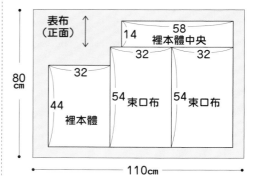

表布（正面）

表布（正面）		
14	58 裡本體中央	
	32	
32	32	32
44 裡本體	54 束口布	54 束口布

80cm

110cm

注意：疊緣不可用熨斗熨燙。

1. 製作提把

①疊緣B裁下28cm長×2片。

②摺四褶車縫。

0.2　（正面）　2

※另一片作法亦同。

2. 製作本體中央

（正面）　②車縫。

（背面）　1

①疊緣A裁下58cm長×2片。

③燙開縫份。

（背面）　1
（背面）

12

④摺疊。

※此為表本體中央。

⑤兩邊朝背側摺1cm。

⑥暫時車縫固定。

裡本體中央（正面）

提把（正面）

1
1

0.5
0.5

裡本體中央（正面）　表本體中央（背面）

1
1

⑦車縫。

（左欄上）

表本體（背面）

⑫燙開縫份。

⑪車縫。

1

⑩對摺。

⑬對齊脇邊線＆底中心車縫。

表本體（背面）

⑭縫份剪至1cm。

※另一側作法亦同。

⑮Z字車縫。

1　10
1

⑰摺回摺痕。

表本體（正面）

裡本體中央（正面）

4. 製作裡本體

②摺疊。

①依3.⑩至⑭縫製。

裡本體（背面）

1

5. 套疊表本體＆裡本體

①將裡本體套入表本體內，對齊摺痕車縫。

裡本體（正面）　0.2

表本體（正面）

裡本體中央（正面）

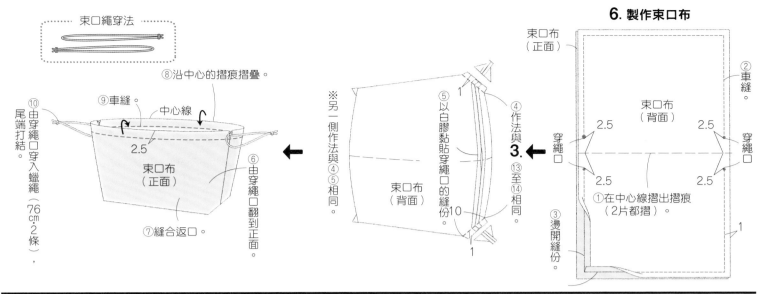

束口繩穿法

⑧沿中心的摺痕摺疊。

⑨車縫。

中心線

⑩由穿繩口穿入蠟繩（76cm·2條），尾端打結。

2.5

束口布（正面）

⑥由穿繩口翻到正面。

⑦縫合返口。

※另一側作法與④⑤相同。

⑤以白膠黏貼穿繩口的縫份10。

束口布（背面）

④作法與⑬至⑭相同。

⑤1

1

3.→

6. 製作束口布

束口布（正面）

②車縫。

束口布（背面）

2.5　2.5

2.5　2.5

穿繩口　穿繩口

①在中心線摺出摺痕（2片都摺）。

③燙開縫份。

1

完成尺寸		材料	P.33_ No.20
寬6×高10cm		表布（棉布）20cm×15cm／裡布（棉布）20cm×15cm	紫陽花刺繡
原寸紙型		雙耳口金（寬5.5cm 高3.5cm）1個	口金包項鍊
B面 或 下載		鏈條94cm／單圈 直徑4mm 2個	
下載方法參見P.62		25號繡線（粉紅色·深粉紅色·米白色·綠色）	

3. 安裝口金

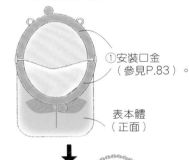

①安裝口金（參見P.83）。

表本體（正面）

②扣接單圈＆鏈條（94cm）。

單圈

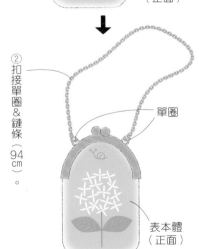

表本體（正面）

表本體（正面）

刺繡針法

飛羽繡

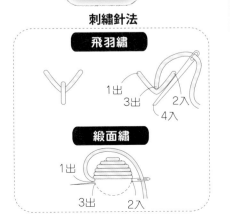

1出　3出　2入　4入

緞面繡

1出　3出　2入

2. 製作本體

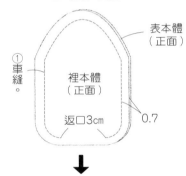

①車縫。

表本體（正面）

裡本體（正面）

返口3cm

0.7

②翻到正面，縫合返口。

表本體（正面）

※另一片表·裡本體作法亦同。

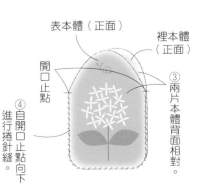

表本體（正面）

裡本體（正面）

③兩片本體背面相對。

開口止點

④自開口止點向下進行捲針縫。

裁布圖

※1片表本體先完成刺繡再裁剪。

表·裡布（正面）
※裡布裁法相同。

15cm

表·裡本體　表·裡本體

20cm

1. 刺繡

①在一片表本體上刺繡。

※（）內的數字代表繡線股數。

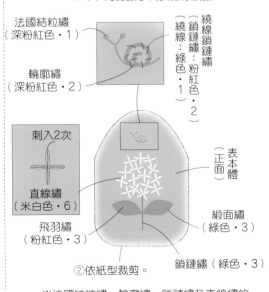

法國結粒繡（深粉紅色·1）

繞線鎖鏈繡（繞線：綠色·1）

鎖鏈繡（繞線：粉紅色·2）

輪廓繡（深粉紅色·2）

刺入2次

直線繡（米白色·6）

飛羽繡（粉紅色·3）

表本體（正面）

緞面繡（綠色·3）

②依紙型裁剪。

鎖鏈繡（綠色·3）

※法國結粒繡、輪廓繡、鎖鏈繡及直線繡的刺繡針法參見P.87。

鬱金香束口袋

原寸紙型
B面 或 **下載**
下載方法參見P.62

材料
表布（棉布）30cm×55cm
裡布（棉布）30cm×55cm
配布A（棉布）15cm×55cm
配布B（棉布）15cm×20cm 9片
接著鋪棉 50cm×40cm
圓繩 粗0.5cm×120cm

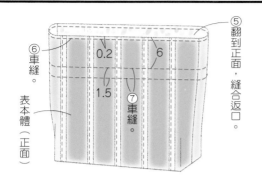

⑤翻到正面，縫合返口。
⑥車縫。
表本體（正面）
0.2
1.5
6
⑦車縫。

3. 縫上花朵

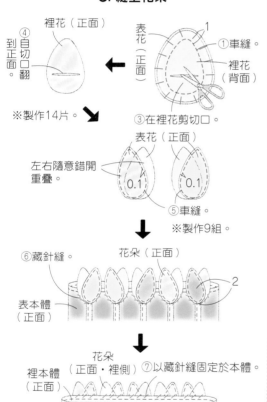

裡花（正面）
④自切口翻到正面。
表花（正面）
①車縫。
裡花（背面）
③在裡花剪切口。
表花（正面）
左右隨意錯開重疊。
0.1 0.1
⑤車縫。
※製作9組。
※製作14片。

⑥藏針縫。
花朵（正面）
表本體（正面）
2

花朵（正面·裡側）⑦以藏針縫固定於本體。
裡本體（正面）

4. 穿入圓繩

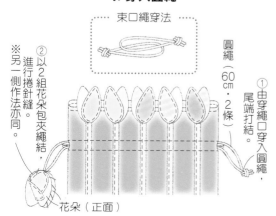

束口繩穿法
※另一側作法亦同。
②以2組花朵包夾繩結，進行捲針縫。
圓繩（60cm·2條）
①由穿繩口穿入圓繩，尾端打結。
花朵（正面）

1. 縫製花莖

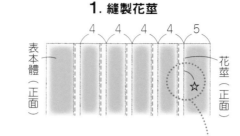

4 4 4 4 5
表本體（正面）
花莖（正面）

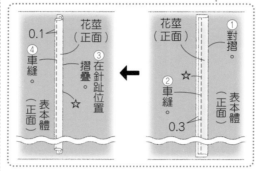

0.1
花莖（正面）
④車縫。
表本體（正面）
花莖（正面）
③在針趾位置摺疊。
①對摺。
②車縫。
表本體（正面）
0.3

2. 疊合表本體&裡本體

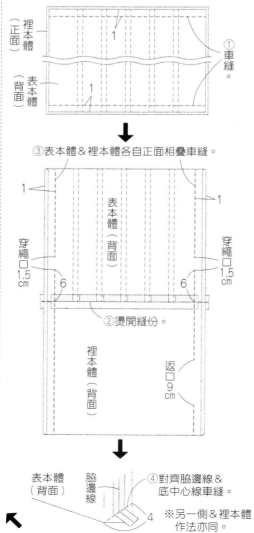

裡本體（正面）
1
表本體（背面）
1
①車縫。

③表本體&裡本體各自正面相疊車縫。
1
表本體（背面）
1
穿繩口 1.5cm
穿繩口 1.5cm
6
6
②燙開縫份。
裡本體（背面）
返口 9cm

表本體（背面）
脇邊線
④對齊脇邊線&底中心線車縫。
4
※另一側&裡本體作法亦同。

裁布圖

※本體、花莖無原寸紙型，請依標示尺寸（已含縫份）直接裁剪。
※□□處需於背面燙貼接著鋪棉。

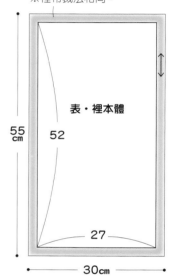

表·裡布（正面）
※裡布裁法相同。
表·裡本體
55cm
52
27
30cm

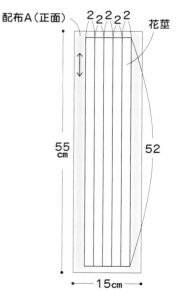

配布A（正面）
2 2 2 2 2
花莖
55cm
52
15cm

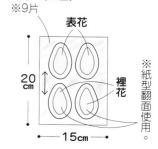

配布B（正面）
※9片
表花
20cm
裡花
※紙型翻面使用
15cm

完成尺寸
寬20×高9cm

原寸紙型
B面 或 **下載**
下載方法參見P.62

材料
表布（棉布）50cm×25cm／裡布（棉布）25cm×25cm
配布A（棉布）20cm×20cm／配布B（棉布）20cm×20cm
配布C（棉布）15cm×10cm／配布D（棉布）25cm×20cm
配布E（棉布）5cm×15cm／接著襯（中薄）50cm×20cm
接著鋪棉 45cm×30cm／磁釦 14mm 1組

P.32_ No.**19**
鬱金香眼鏡包

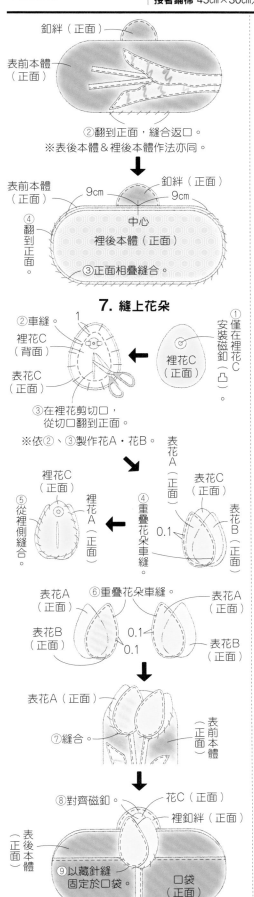

②翻到正面，縫合返口。
※表後本體&裡後本體作法亦同。

釦絆（正面）
表前本體（正面）

表前本體
釦絆（正面）
9cm　9cm
④翻到正面。
中心
裡後本體（正面）
③正面相疊縫合。

7. 縫上花朵

②車縫。
裡花C（背面）
表花C（正面）
③在裡花剪切口，從切口翻到正面。
①僅在裡花C安裝磁釦（凸）。
裡花C（正面）

※依②、③製作花A・花B。

裡花C（正面）
裡花A（正面）
表花A（正面）
表花C（正面）
表花B（正面）
④重疊花朵車縫。
0.1
⑤從裡側縫合。

表花A（正面）
表花B（正面）
⑥重疊花朵車縫。
表花A（正面）
表花B（正面）
0.1
0.1

表花A（正面）
⑦縫合。
表前本體（正面）

⑧對齊磁釦。
花C（正面）
裡釦絆（正面）
表後本體（正面）
⑨以藏針縫固定於口袋。
口袋（正面）

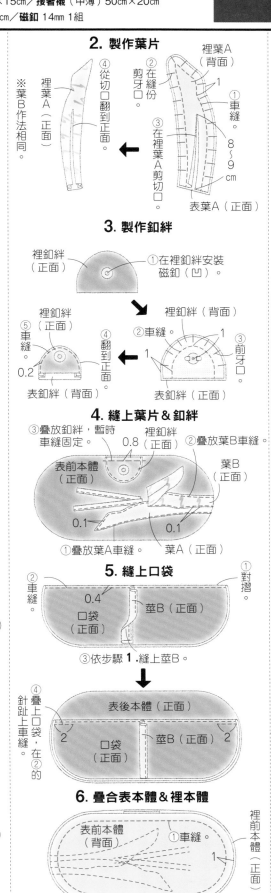

2. 製作葉片

④從切口翻到正面。
②在縫份剪牙口。
裡葉A（背面）
①車縫。8～9cm
③在裡葉A剪切口。
裡葉A（正面）
表葉A（正面）
※葉B作法相同。

3. 製作釦絆

①在裡釦絆安裝磁釦（凹）。
裡釦絆（正面）

裡釦絆（正面）
裡釦絆（背面）
⑤車縫。0.2
②車縫。
④翻到正面。
③前牙口
表釦絆（背面）
表釦絆（正面）

4. 縫上葉片&釦絆

③疊放釦絆，暫時車縫固定。0.8
裡釦絆（正面）
②疊放葉B車縫。
表前本體（正面）
葉B（正面）
0.1
0.1
①疊放葉A車縫。
葉A（正面）

5. 縫上口袋

②車縫。0.4
口袋（正面）
莖B（正面）
①對摺。
③依步驟1.縫上莖B。

表後本體（正面）
口袋（正面）
2　莖B（正面）2
④疊上口袋，在②的針趾上車縫。

6. 疊合表本體&裡本體

表前本體（背面）
①車縫。1
裡前本體（正面）
返口8cm

裁布圖

※花莖無原寸紙型，請依標示尺寸（已含縫份）直接裁剪。
※▢ 處需於背面燙貼接著襯。
※▢ 處需於背面燙貼接著鋪棉。
※裡部件是將紙型翻面使用。

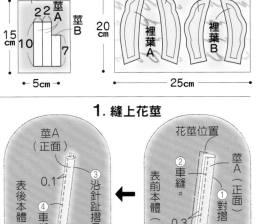

表前本體
表布（正面）
表釦絆　裡釦絆
25cm
表後本體
口袋
50cm

配布A（正面）↕
表花A
20cm
裡花A
20cm

裡布（正面）↕
裡前本體
25cm
裡後本體
25cm

配布B（正面）↕
表花B
20cm
裡花B
20cm

配布C（正面）↕
表花C　裡花C
10cm
15cm

配布D（正面）↕
表葉A　表葉B
裡葉A
裡葉B
20cm
25cm

配布E（正面）↕
2　2　莖A
莖B
15cm
10　7
5cm

1. 縫上花莖

莖A（正面）
花莖位置
②車縫。
莖A（正面）
0.1
③沿針趾摺疊
表後本體（正面）
④車縫。
①對摺。0.3
表前本體（正面）

※另一片花莖作法亦同。

可觀看步驟1.至3.。

手鞠
～素球作法
https://youtu.be/FiQm93WszHM

手鞠
～決定北極・南極・赤道的方法
https://youtu.be/fctgodDtH5o

作法

P.34 No. **21**

白花三葉草
手鞠針插

工具・材料

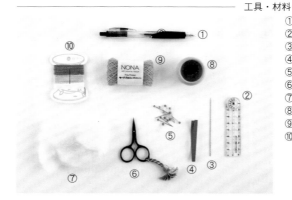

①筆
②尺
③針（手鞠用針或縫被針9cm）
④紙條（捲紙或裁剪成寬0.5cm的長條狀）
⑤珠針
⑥剪刀
⑦羊毛4g
⑧直徑3.2cm 高3cm的小陶鉢
⑨NONA細線
⑩NONA繡線

※為方便理解，此處更換了有別於實物的繡線顏色。

1.製作素球

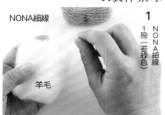

1
NONA細線
羊毛
1股NONA細線（若綠色）

使用NONA細線纏繞。手指按住細線一端，開始輕柔繞線。

2.決定北極・南極

1
珠針
北極

隨意選定一處當作北極，插上珠針。北極、南極、赤道分別使用不同顏色的珠針，以便清楚辨識。

4
針
線端

纏線完成後，將針刺入素球，線端穿過針眼後拔針，將線端藏入素球中。

3

不時放入小陶鉢確認尺寸，直到看不到羊毛且大小剛好為止。

2

隨意繞線，形成如哈蜜瓜網眼外皮般的紋路。注意，動作輕柔，不過度拉扯。

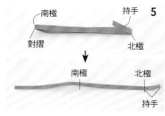

5
南極　持手
對摺
北極
南極　北極
持手

持手保持摺疊狀態，將紙條對摺。此時，步驟2的摺疊處是北極，對摺處是南極。

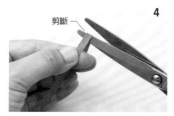

4
剪斷

沿步驟3的摺痕剪斷紙條，以此測出素球的圓周。

3
北極
反摺
繞圈

紙條繞素球1周，在與步驟2摺疊處接合的位置，反摺紙條另一端。

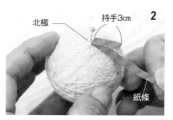

2
北極　持手3cm
紙條

準備測量距離的紙條。紙條一端摺疊3cm（此處稱之為持手），摺疊處抵住北極。

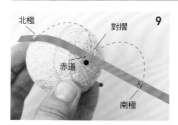

9
北極
對摺
赤道
南極

在紙條的南北極之間對摺，找出赤道位置。重新捲上紙條，在赤道位置的左側插入珠針，共16根。

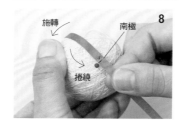

8
施轉
南極
捲繞

素球旋轉到赤道側，重新捲繞紙條，在南北極之間來回測量，一邊移動7的珠針，找到正確的南極位置。

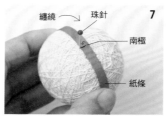

7
纏繞　珠針
南極
紙條

紙條捲繞在素球上，珠針插入紙條的南極左側。

6
珠針
北極
紙條

暫時取下北極的珠針，先將紙條疊在北極處，再以珠針刺入相同位置固定紙條。

5.加入分割線（16等分）

2
拉線
刺針位置
赤道

拔針，拉線直到線端藏入素球。步驟1、2是起繡的處理方式。避免繡線鬆脫地將針倒向刺入方向，線統一通過赤道上的珠針右側。

1
北極
2股NONA繡線（綠色）
赤道

使用2股NONA繡線，在距離北極3cm處入針，從北極出針。

（下方中間圖對應 4.決定赤道 步驟2）

2

在素球的赤道位置捲上紙條，將珠針插入紙條8等分記號位置。

4.決定赤道

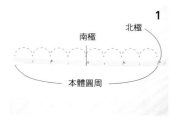

1
北極
南極
本體圓周

將紙條的南北極之間分成8等分，作上記號。

通過南極右側、赤道，回到北極。再通過北極右側，繞至左鄰的赤道右側。

分割線A　3　北極
赤道

重複步驟3，分割成8等分（分割線A），接著從北極左側入針，在距離完繡的3cm處出針，剪斷線。此為完繡的處理方式。

北極

依步驟1作法從北極出針。

分割線A

通過8等分線（分割線A）之間，依步驟3至5再分割成16等分。

6.插入基準用的珠針

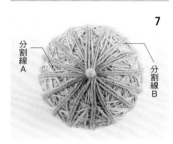

分割線A
分割線B

完成16等分的分割。

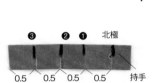

❸　❷　❶　北極
0.5　0.5　0.5　0.5　持手

取3cm紙條，每隔0.5cm作記號，多餘部分當作持手。

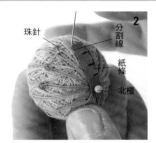

珠針
分割線
紙條
北極

對齊素球的北極，插入珠針固定紙條。並使紙條對齊分割線，在紙條另一端也插入珠針。

北極
珠針
珠針

16條分割線全部插入珠針。

7.刺繡第1層

基點
1股NONA繡線（綠色）
北極

取1條分割線當基點，換上不同顏色珠針作標記。在基點分割線左側的紙條❶記號處出針。

基點
北極

從基點右鄰分割線的北極，由右向左挑縫素球，穿過分割線。

覆蓋繡線

繡線由左向右跨過針上。

按住

以拇指按住針與線後，拔針。步驟3、4是拔針時的基本作法。

8.刺繡第2層

❶
北極

由右向左，斜向挑縫右鄰分割線❶記號處的素球。

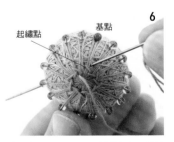

起繡點
基點

重複步驟2至5，回到基點後，將針刺入起繡的分割線右側，向前約2cm處出針，剪斷線。這是完繡的處理方式。

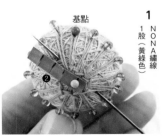

基點
1股NONA繡線（黃綠色）
❷

在基點左鄰的分割線左側❷的記號處出針。

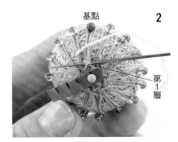

基點
第1層

通過右鄰（基點）分割線第1層繡線上方，由右向左挑縫素球。

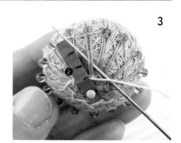

6

第2層

第2層第2圈刺繡完畢。

5

第1層

通過右鄰第1層繡線上方，由右向左挑縫球體。向右旋轉，依第1圈作法刺繡。

基點 **4** 起繡點

回到起繡點後進入第2圈。在起繡點左鄰的分割線左側，與起繡點等高的位置出針。

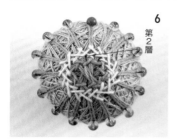

3

由右向左斜向挑縫右鄰分割線❷記號處的素球。重複步驟1至2。

9.刺繡第3層

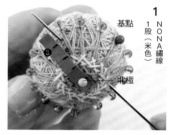

4

第3層

第3層第2圈刺繡完畢。

3

繡完第1圈後，依同樣作法刺繡第2圈。

2

第2層

通過右鄰分割線的第2層繡線下方，由右向左挑縫素球。向右旋轉，依第2層作法刺繡。

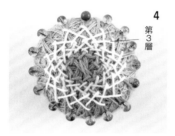

1

NONA繡線
1股（米色）

基點

北極

刺繡第3層。從基點向左第3條分割線的左側，在❸記號處出針。

11.添加裝飾

基點 **2**

由右向左，挑縫右下菱形內的素球。

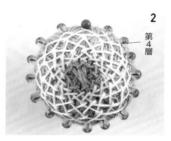

基點 **1**

NONA繡線
1股（米白）

在基點的第4層菱形內的分割線左側出針。

10.刺繡第4層

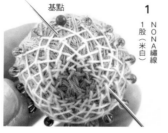

2

第4層

第4層的2圈刺繡完畢。

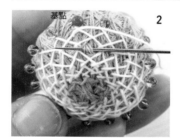

1

NONA繡線
1股（米白）

基點

第4層，從基點向左第5條分割線左側的珠針位置出針。依第3層作法刺繡兩圈。

6

放入小陶鉢內，當針插使用。

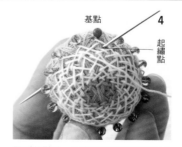

5

移除珠針，完成！

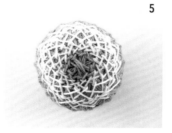

基點 **4** 起繡點

回到基點後，在起繡分割線的右側入針，向前2cm處出針，進行完繡處理。

3

由右向左，挑縫右上菱形內的分割線。重複步驟2、3。

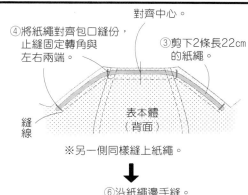

④將紙繩對齊包口縫份，止縫固定轉角與左右兩端。

對齊中心。

③剪下2條長22cm的紙繩。

縫線

※另一側同樣縫上紙繩。

表本體（背面）

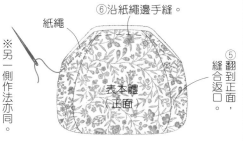

⑥沿紙繩邊手縫。

紙繩

※另一側作法亦同。

表本體（正面）

⑤縫合返口。翻到正面，

4. 安裝口金

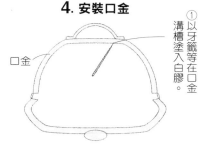

口金

①以牙籤等在口金溝槽塗入白膠。

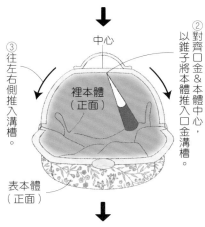

③往左右側推入溝槽。

中心

②對齊口金&本體中心，以錐子將本體推入口金溝槽。

裡本體（正面）

表本體（正面）

④墊上布，以鉗子夾緊鉚釘上方。

裡本體（正面）

※另一側作法亦同。

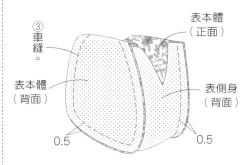

③車縫。

表本體（背面）

表本體（正面）

表側身（背面）

0.5 0.5

2. 製作裡本體

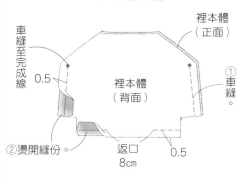

車縫至完成線

0.5

②燙開縫份。

裡本體（背面）

裡本體（正面）

①車縫。

返口8cm 0.5

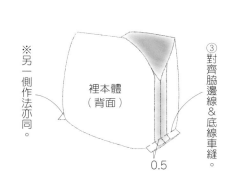

※另一側作法亦同。

裡本體（背面）

③對齊脇邊線&底線車縫。

0.5

3. 套疊表本體&裡本體

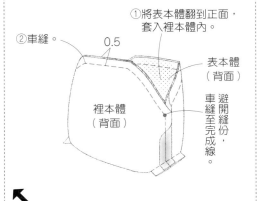

②車縫。

①將表本體翻到正面，套入裡本體內。

0.5

表本體（背面）

裡本體（背面）

車縫至完成線

避開縫份，

掃QR Code看作法影片！

https://youtu.be/Eajn38lxCuc

裁布圖

※▨ 處需於背面燙貼接著襯。

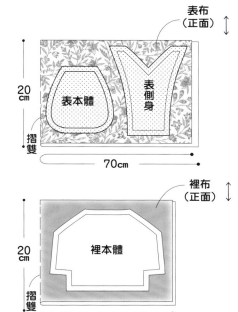

表布（正面）

20cm

表本體

表側身

摺雙

70cm

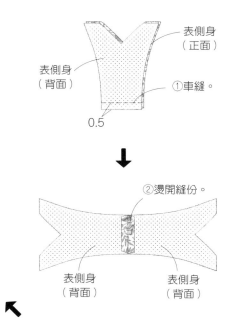

裡布（正面）

20cm

裡本體

摺雙

50cm

---

1. 製作表本體

表側身（正面）

表側身（背面）

①車縫。

0.5

②燙開縫份。

表側身（背面） 表側身（背面）

抱枕套

完成尺寸
寬23×長23cm

原寸紙型
無

材料
表布（棉布）95cm×95cm
配布（棉布）30cm×50cm
暗釦 10mm 3組
木棉 約140g

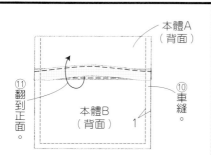

⑪翻到正面。
本體A（背面）
⑩車縫。
本體B（背面）
1

↓

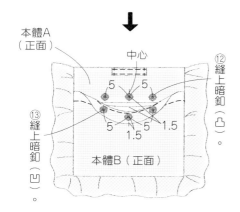

本體A（正面）
中心
⑫縫上暗釦（凸）。
5　5
5　5　1.5
1.5
⑬縫上暗釦（凹）。
本體B（正面）

4. 製作枕心

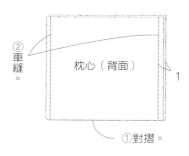

②車縫
枕心（背面）
1
①對摺。

↓

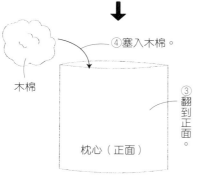

④塞入木棉。
木棉
枕心（正面）
③翻到正面。

↓

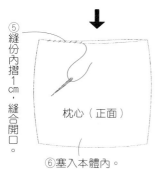

⑤縫份內摺1cm，縫合開口。
枕心（正面）
⑥塞入本體內。

---

3. 製作本體

①依1cm→3cm寬度三摺邊。

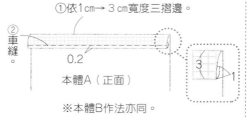

②車縫。
0.2
本體A（正面）
3　1

※本體B作法亦同。

↓

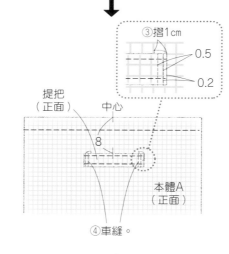

③摺1cm
0.5
0.2
提把（正面）
中心
8
本體A（正面）
④車縫。

↓

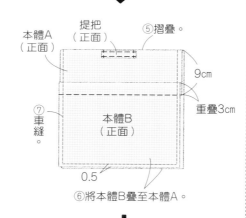

本體A（正面）
提把（正面）
⑤摺疊。
9cm
重疊3cm
⑦車縫。
本體B（正面）
0.5
⑥將本體B疊至本體A。

↓

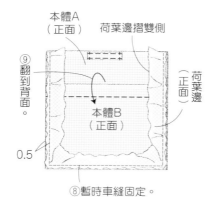

本體A（正面）
荷葉邊摺雙側
⑨翻到背面。
荷葉邊（正面）
本體B（正面）
0.5
⑧暫時車縫固定。

裁布圖

※標示尺寸已含縫份。

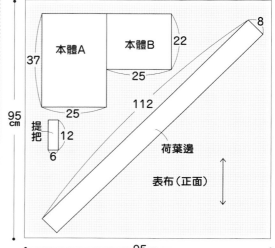

本體A
本體B　22
37
25
112
8
25
提把 12
6
荷葉邊
表布（正面）
95cm
95cm

配布（正面）
25
枕心
23
摺雙
50cm
30cm

1. 製作荷葉邊

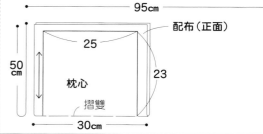

1
荷葉邊（背面）
1
①摺疊。

↓

0.2　0.7
③粗針目車縫。
0.2
摺雙　荷葉邊（正面）　0.2
②對摺車縫。

↓

69cm
④抽出皺褶。

2. 製作提把

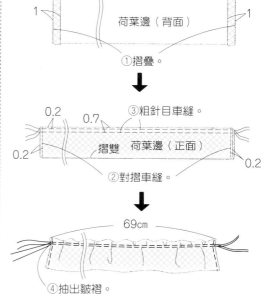

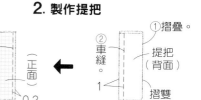

③翻到正面車縫。
①摺疊。
②車縫。
提把（背面）
正面
1
0.2　0.2
摺雙

完成尺寸	材料
寬16×長10cm	表布（13目/1cm刺繡用亞麻布）20cm×15cm
原寸紙型	配布A（棉布）25cm×25cm
無	配布B（棉布）40cm×20cm
	DMC25號繡線 適量
	櫻桃核 220g

P.37_ No.27

兔子眼罩

（刺繡圖案）

※若手邊無相同色號的繡線，可參考圖案改用喜歡的顏色刺繡。
※除了指定處之外，皆以2股繡線在13目/1cm的布上刺繡圖案。
※十字繡是數著布料的織線進行刺繡。
※使用圓針尖針的十字繡用針。
※使用棉、麻等由經線與緯線等間距織成的布料。13目/1cm意指1cm寬
　有13目經線與緯線的布料。變化目數，刺繡圖案大小也會跟著改變。

回針繡（#310・1股）

中心

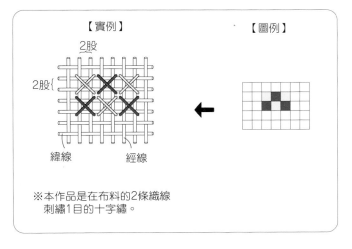

【實例】　　　【圖例】

2股
2股{
緯線　　經線

※本作品是在布料的2條織線
　刺繡1目的十字繡。

DMC25號繡線色號

◗ :	# 535	☐ :	# 950	= :	# 356
✳ :	# 310	■ :	# 936	☾ :	# 444
⋮ :	# 445	● :	# 3820	⬡ :	# 472
◖ :	# 3012	★ :	# 351	⁖ :	# 524
✖ :	# 469	▲ :	# 472		

刺繡工具・材料

【法國刺繡針7號】

針眼較長，易於穿入多股繡線，且針端尖銳。本次使用適合1至2股繡線的7號針。

【25號繡線】

由6股細線捻合成1股繡線，依所需數量抽出使用。

【工具】

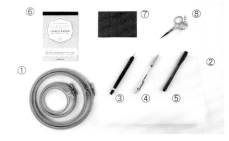

①繡框②描圖紙③鐵筆④自動筆⑤簽字筆⑥布用複寫紙⑦複寫紙⑧剪刀

刺繡針法

十字繡

2

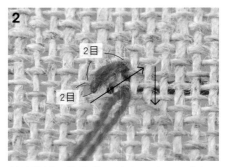

斜跨縱橫兩條織線，繡出／形，再垂直向下出針。

1

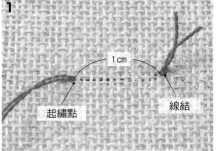

線端打結，在距起繡點1cm處入針，從起繡點出針。

數著布料目數，將繡線交叉成十字，填滿圖案。

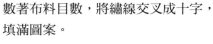

5

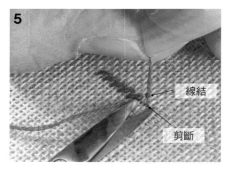

繡到靠近起繡點時，拉起繡線，從線結下方剪斷。

4 （背面）

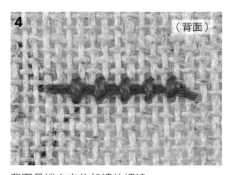

背面是縱向夾住起繡的繡線。

3

依相同作法由左向右刺繡。

8 （背面）

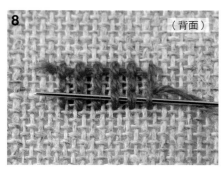

刺繡完畢，由背面出針，穿過約3個縱向針目後剪斷線。

7

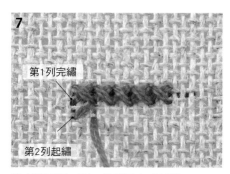

縱向移至下一列，依相同方式刺繡。

6

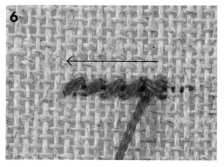

繡完橫向，改成由右向左，從上到下繡成×字形。

回針繡

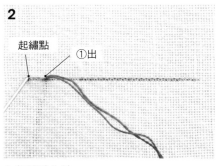

2

起繡點
①出

在起繡點入針

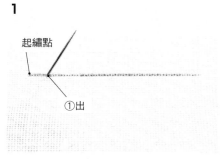

1

起繡點
①出

從起繡點往前一個針目出針（①出）。

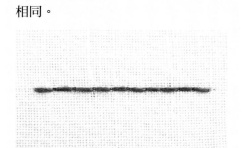

往回繡每一個針目。針法與全回針縫相同。

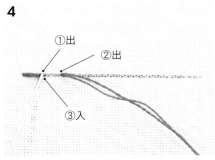

4

①出
②出
③入

在與①出相同的位置入針（③入）。重複步驟**3**至**4**，一直繡到終點。

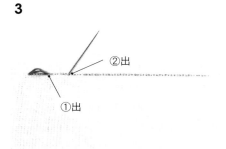

3

②出
①出

在①出往前一個針目的位置出針（②出）。

眼罩的作法

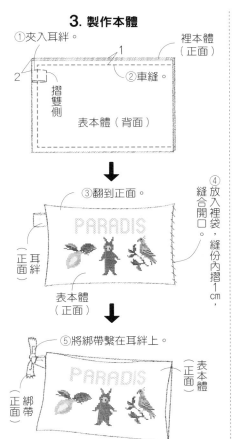

3. 製作本體

①夾入耳絆。
裡本體（正面）
1
2
摺雙側
②車縫。
表本體（背面）

③翻到正面。
④放入裡袋，縫合開口。縫份內摺1cm，
正面 耳絆
PARADIS
表本體（正面）

⑤將綁帶繫在耳絆上。
正面 綁帶
PARADIS
表本體（正面）

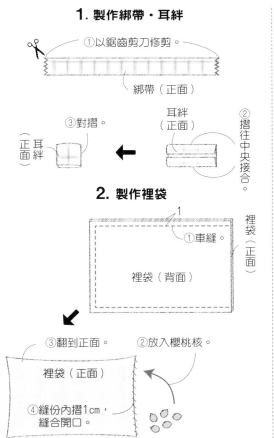

1. 製作綁帶・耳絆

①以鋸齒剪刀修剪。
綁帶（正面）

②摺往中央接合。
耳絆（正面）

③對摺。
正面 耳絆
正面 耳絆

2. 製作裡袋

1
①車縫。
裡袋（正面）
裡袋（背面）

③翻到正面。
②放入櫻桃核。
裡袋（正面）
④縫份內摺1cm，縫合開口。

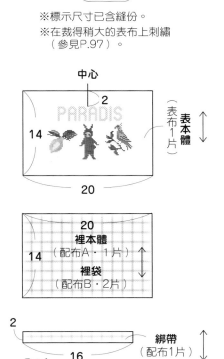

（裁布圖）

※標示尺寸已含縫份。
※在裁得稍大的表布上刺繡（參見P.97）。

中心
2
PARADIS
14
表本體（表布1片）
20

20
裡本體（配布A・1片）
14
裡袋（配布B・2片）

2
綁帶（配布1片）
16

5×4
耳絆（配布1片）

完成尺寸
寬46×長15cm
寬40×長13cm
寬33×長10cm

原寸紙型
C面

材料（■···L·■···M·■···S·■···通用）
表布（棉布）30cm×30cm · 30cm×30cm · 25cm×25cm
裡布（棉布）50cm×30cm · 50cm×30cm · 45cm×25cm
配布A（棉布）35cm×30cm · 30cm×15cm · 25cm×15cm
配布B（棉布）20cm×15cm／**配布C**（棉布）20cm×15cm
配布D（棉布）15cm×10cm／**配布E**（棉布）15cm×10cm
鈕釦 15mm 1個／**棉織帶** 寬2cm 45·40·35cm

P.45_ No.**31**
鯉魚旗
L·M·S

3. 套疊表本體＆裡本體

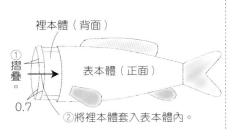

①摺疊。 0.7
裡本體（背面）
表本體（正面）
②將裡本體套入表本體內。

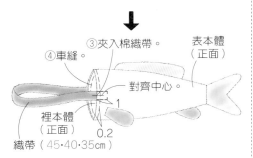

③夾入棉織帶。
④車縫
表本體（正面）
對齊中心。
裡本體（正面）
織帶（45·40·35cm）
1
0.2

4. 製作頭部

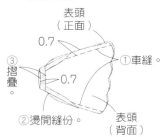

表頭（正面）
0.7
①車縫。
③摺疊。
0.7
②燙開縫份。
表頭（背面）

※裡頭作法亦同。

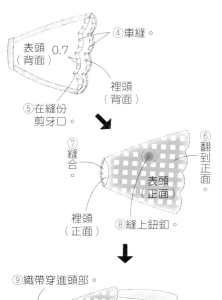

④車縫。
表頭（背面）0.7
裡頭（背面）
⑤在縫份剪牙口。

⑥翻到正面。
⑦縫合。
表頭（正面）
裡頭（正面）
⑧縫上鈕釦。

⑨織帶穿進頭部。
表頭（正面）
織帶
表本體（正面）

---

③翻到正面，以藏針縫縫合返口。
胸鰭（正面）

<胸鰭>

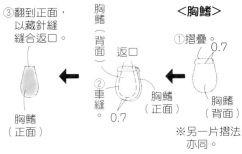

①摺疊。0.7
胸鰭（背面）
返口
②車縫。0.7
胸鰭（背面）
胸鰭（正面）
※另一片摺法亦同。

2. 製作表本體＆裡本體

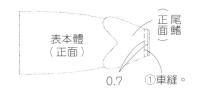

表本體（正面）
正面尾鰭
0.7
①車縫。

※另一片表本體＆尾鰭作法亦同。

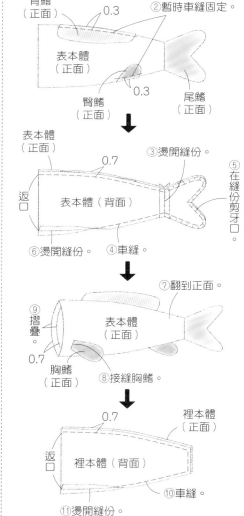

背鰭（正面）0.3
②暫時車縫固定。
表本體（正面）
臀鰭（正面）0.3
尾鰭（正面）

表本體（正面）
0.7
返口
③燙開縫份。
表本體（背面）
⑤在縫份剪牙口。
⑥燙開縫份。 ④車縫。

⑦翻到正面。
⑨摺疊。0.7
表本體（正面）
胸鰭（正面）
⑧接縫胸鰭。

0.7
裡本體（正面）
返口
裡本體（背面）
⑩車縫。
⑪燙開縫份。

裁布圖

※■···L·■···M·■···S·■···通用
□ 是將紙型翻面使用。

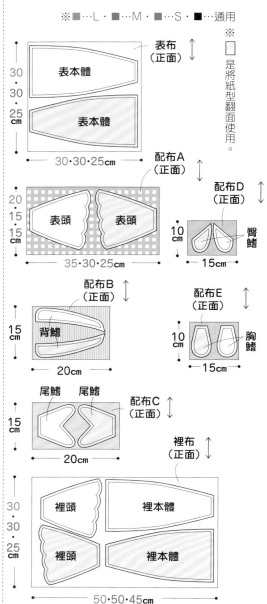

表布（正面）
表本體
表本體
30·30·25cm
30 / 30 / 25cm

配布A（正面）
表頭　表頭
20·15·15cm
35·30·25cm

配布D（正面）
臀鰭
10cm
15cm

配布B（正面）
背鰭
15cm
20cm

配布E（正面）
胸鰭
10cm
15cm

配布C（正面）
尾鰭　尾鰭
15cm
20cm

裡布（正面）
裡頭　裡本體
裡頭　裡本體
30·30·25cm
50·50·45cm

1. 製作背鰭·胸鰭·尾鰭

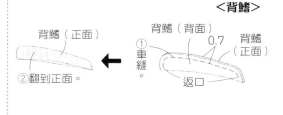

<背鰭>

背鰭（正面）
②翻到正面。
①車縫。
背鰭（背面）0.7
背鰭（正面）
返口

<臀鰭>

返口
臀鰭（背面）
臀鰭（正面）
※作法與背鰭相同。

100

完成尺寸	材料	
寬11×高13cm	表布（亞麻布）40cm×20cm	
	裡布（棉布）30cm×15cm	
原寸紙型	配布（棉布）35cm×5cm／**不織布** 5cm×5cm	
P.103	繡線（參見P.41）各適量	

基本的織補繡針法

先繡出十字，再將圖案填滿的方法。

---

1. 繡出基準的十字　　　　　　　　　**工具**

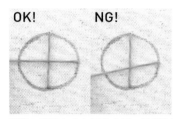

橫線＆縱線在中心垂直交叉，是讓刺繡漂亮工整的訣竅。

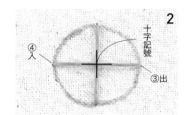

2
④入　十字記號
③出

繡1條橫線，成十字形。

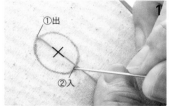

1
①出
②入

打起縫結。從圖案的十字記號正上方出針，正下方入針。

①線剪②皮革用針③繡框④刺繡布（麻布）

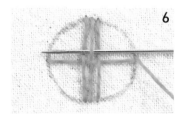

6

繡第2條橫線。依上→下→上順序穿過縱線。

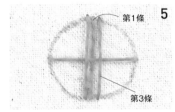

5
第1條
第3條

繡第3條縱線。依步驟3相同作法，在第1條的右側刺繡。

4
第2條

繡好第2條縱線。

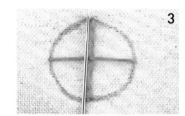

3

繡第2條縱線。與相鄰的縱線間隔約1條線的寬度，此線距可讓完成後的針目漂亮工整。

2.填滿圖案

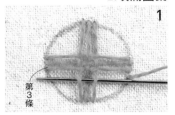

2

與相鄰的線錯開上下順序，繡完下半部橫線。

1
第3條

完成基準的十字，接著將圖案填滿。與第3條橫線相反，改成下→上→下順序穿過縱線。依此類推，與相鄰的線錯開上下順序，刺繡橫線。

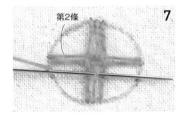

8

以針尖整理歪掉的線，調整成垂直交叉的十字。

7
第2條

繡第3條橫線。同步驟6，依上→下→上順序穿過縱線。

完成

（背面）

刺繡完畢，於背面打止縫結，將線剪斷。

（正面）　**5**

圖案全部填滿，完成！

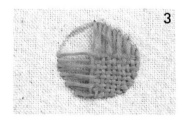

4

依相同方式刺繡剩餘的上半部。不易一次穿過所有線時，分成兩次會更好作業。

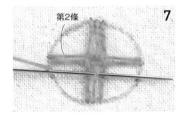

3

同步驟2，與相鄰的線錯開上下順序，刺繡右側縱線。左側縱線繡法亦同。

3. 製作本體

① 車縫。
0.5
② 燙開縫份。
表本體（正面）
表本體（背面）
0.5

※裡本體作法亦同。

4. 接縫布環

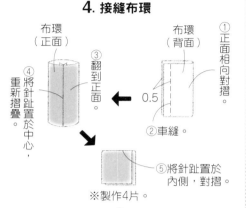

布環（正面）
布環（背面）
① 正面相向對摺。
③ 翻到正面。
④ 將針趾置於中心，重新摺疊。
0.5
② 車縫。
⑤ 將針趾置於內側，對摺。

※製作4片。

布環（正面）
0.2
1
摺雙側
脇邊
脇邊
對齊中心。
⑥ 將布環斷開時車縫固定於裡本體的中心＆脇邊。
裡本體（背面）

5. 套疊表本體＆裡本體

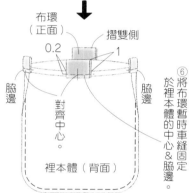

裡本體（正面）
② 背面相疊。
③ 車縫。
0.2
表本體＆裡本體
① 到表本體翻到正面。
表本體翻到正面。
表本體（正面）

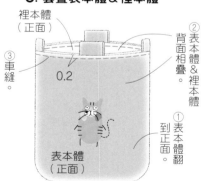

⑤ 束口繩尾端打結。
④ 將束口繩穿過布環。
表本體（正面）

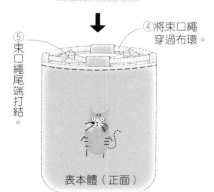

2. 在表布上刺繡

※原寸刺繡圖案參見P.103。

① 進行織補繡。

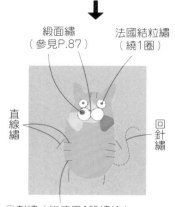

表布（正面）
眼白
嘴部

② 以不織布裁剪眼睛＆嘴部，黏上（眼睛＆嘴巴的紙型參見P.103）。

緞面繡（參見P.87）
法國結粒繡（繞1圈）
直線繡
回針繡

③ 刺繡（皆使用1股繡線）。
※直線繡＆法國結粒繡針法參見P.87。

回針繡

← 行進方向
1出
2入
3出

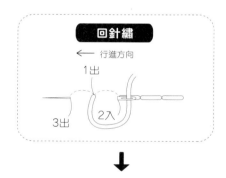

④ 從嘴部的背面穿出車縫線，當成鬍鬚（1股繡線）。
2

⑤ 裁剪。
中心
16
表本體（正面）

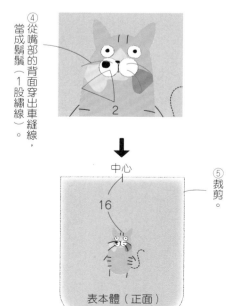

裁布圖

※除了圓角紙型之外，皆無原寸紙型。
※標示尺寸已含縫份。
※其中一片表本體，刺繡完畢再裁剪。

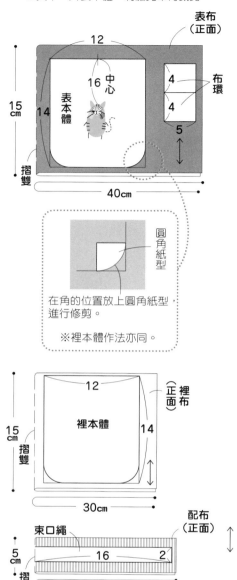

表布（正面）
12
16 中心
15cm
14
表本體
4
4
布環
5
摺雙
40cm

圓角紙型

在角的位置放上圓角紙型進行修剪。

※裡本體作法亦同。

12
15cm
14
裡本體
摺雙
正面 裡布
30cm

束口繩
5cm
16
2
配布（正面）
摺雙
35cm

1. 製作束口繩

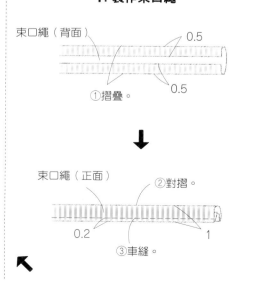

束口繩（背面）
0.5
0.5
① 摺疊。

束口繩（正面）
② 對摺。
0.2
1
③ 車縫。

102

P.40_ No.28 貓咪織補繡束口袋

　　　※繡線種類參見P.40。

表·裡本體
（圓角紙型）

嘴部　　眼睛

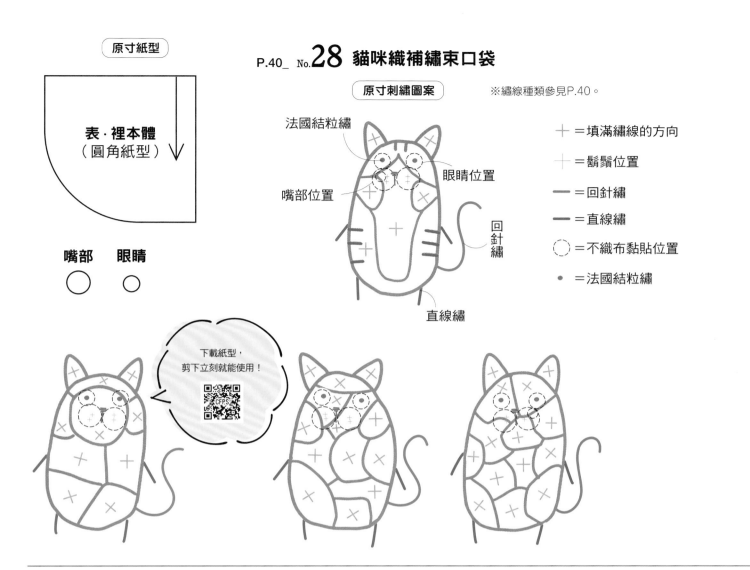

法國結粒繡

眼睛位置

嘴部位置

回針繡

直線繡

＋＝填滿繡線的方向
＋＝鬍鬚位置
—＝回針繡
—＝直線繡
◯＝不織布黏貼位置
•＝法國結粒繡

下載紙型，
剪下立刻就能使用！

P.42_ No.29 櫻花

圖案線

從左下開始複寫圖案線

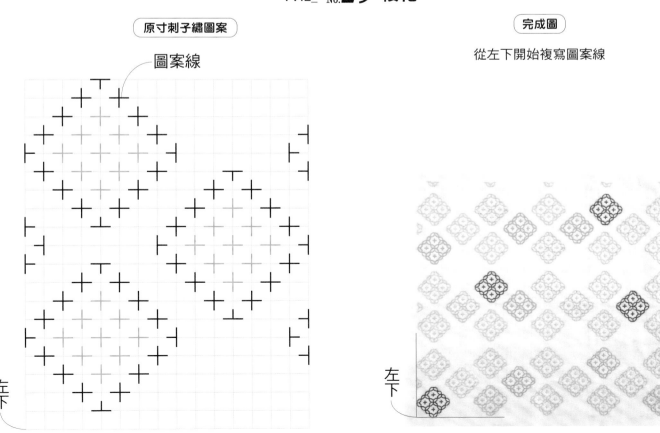

左下

左下

完成尺寸
寬8×高7cm

原寸紙型
D面

材料
表布A（棉布）20cm×10cm
表布B（棉布）35cm×10cm
表布C（棉布）20cm×15cm／珠針 2根
填充棉 適量／磁鐵 直徑18mm 1組

掃QR Code
看作法影片！
https://youtu.be/aYWNgB4yiNo

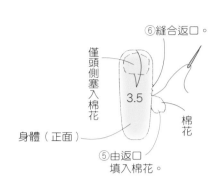

⑥縫合返口。
僅頭側塞入棉花
3.5
棉花
身體（正面）
⑤由返口填入棉花。

3. 對齊身體＆本體

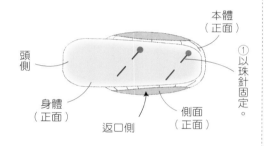

頭側
身體（正面）
本體（正面）
側面（正面）
返口側
①以珠針固定。

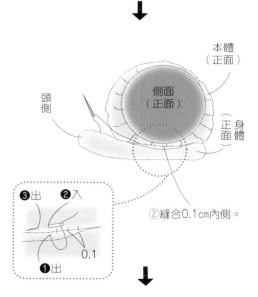

頭側
側面（正面）
本體（正面）
正面身體
②縫合0.1cm內側。

❸出　❷入
❶出
0.1

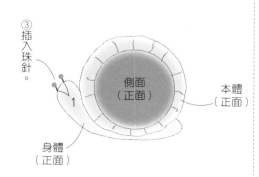

③插入珠針。
側面（正面）
本體（正面）
身體（正面）
1

---

⑥對齊合印。
⑦車縫。
側面（背面）
本體（背面）
⑤燙開縫份。
側面（正面）
⑧車縫。
從本體側車縫。
1
1

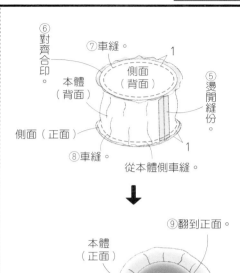

⑨翻到正面。
本體（正面）
側面（正面）
棉花
⑩由返口填入棉花。

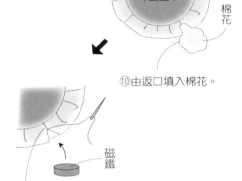

磁鐵
⑪放入磁鐵，縫合返口。

2. 製作身體

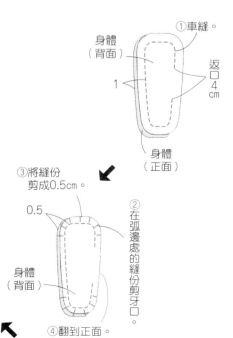

①車縫。
身體（背面）
返口4cm
1
身體（正面）
③將縫份剪成0.5cm。
0.5
②在弧邊處的縫份剪牙口。
身體（背面）
④翻到正面。

裁布圖

※本體無原寸紙型，請依標示尺寸（已含縫份）直接裁剪。
※ | 處需加上合印記號。

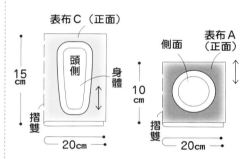

表布C（正面）
15cm
頭側　身體
摺雙
20cm

側面
表布A（正面）
10cm
摺雙
20cm

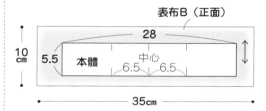

表布B（正面）
28
10cm
5.5
本體　中心
6.5　6.5
35cm

1. 製作本體

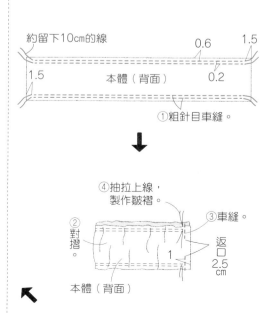

約留下10cm的線
0.6　1.5
1.5
本體（背面）
0.2
①粗針目車縫。

④抽拉上線，製作皺褶。
②對摺。
③車縫。
本體（背面）
返口2.5cm

完成尺寸	材料（1朵用量）
直徑約5cm （花朵大小）	表布（棉布）20cm×20cm／配布（棉布）10cm×10cm 工藝鐵絲 #24 適量・#30 20cm
原寸紙型 **C面**	花藝膠帶 適量

2. 製作葉片，完成

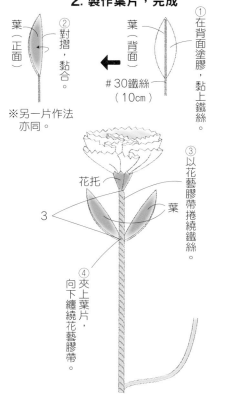

① 在背面塗膠，黏上鐵絲。

葉（背面）

#30鐵絲（10cm）

② 對摺，黏合。

葉（正面）

※另一片作法亦同。

③ 以花藝膠帶捲繞鐵絲。

花托

葉

3

④ 夾上葉片，向下纏繞花藝膠帶。

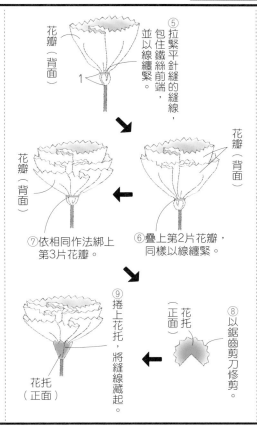

⑤ 拉緊平針縫的縫線，包住鐵絲前端，並以線纏緊。

花瓣（背面）

1

⑦ 依相同作法綁上第3片花瓣。

⑥ 疊上第2片花瓣，同樣以線纏緊。

花瓣（背面）

⑨ 捲上花托，將縫線藏起。

⑧ 以鋸齒剪刀修剪。

花托（正面）

花托（正面）

（裁布圖）

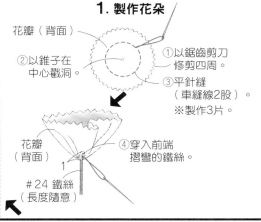

花瓣　花瓣

花瓣

20cm

表布（正面）

20cm

配布（正面）

葉　花托

10cm

10cm

1. 製作花朵

花瓣（背面）

① 以鋸齒剪刀修剪四周。

② 以錐子在中心戳洞。

③ 平針縫（車縫線2股）。※製作3片。

花瓣（背面）

1

④ 穿入前端摺彎的鐵絲。

#24 鐵絲（長度隨意）

完成尺寸	材料（1顆用量）
直徑5×高10cm	表布A・B（棉布）5cm×20cm 各2片 配布（圖案布）適量／蛋形保麗龍 1顆
原寸紙型 **C面**	紙 適量

2. 在本體黏貼圖案

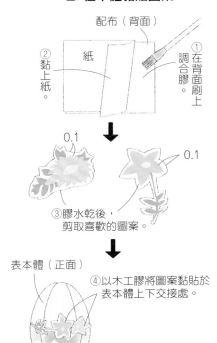

配布（背面）

紙

② 黏上紙。

① 在背面刷上調合膠。

0.1

0.1

③ 膠水乾後，剪取喜歡的圖案。

表本體（正面）

④ 以木工膠將圖案黏貼於表本體上下交接處。

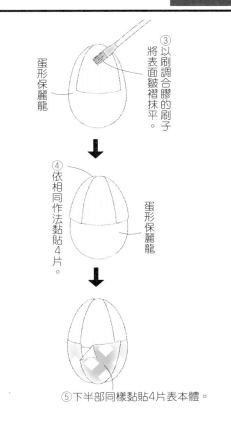

蛋形保麗龍

③ 將表面皺褶抹平。

① 以刷調合膠的刷子

④ 依相同作法黏貼4片。

蛋形保麗龍

⑤ 下半部同樣黏貼4片表本體。

（裁布圖）

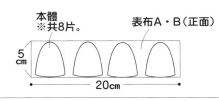

本體※共8片。

表布A・B（正面）

5cm

20cm

1. 黏貼本體

※調合膠：木工膠加入等量的水稀釋。

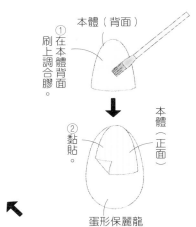

本體（背面）

① 在本體背面刷上調合膠。

② 黏貼。

本體（正面）

蛋形保麗龍

母親節圍裙

完成尺寸

總長109cm・113cm

原寸紙型

D面

材料

表布（棉布）110cm×220cm

接著膠帶 寬1cm×40cm

鈕釦 15mm 2個

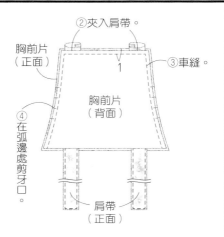

②夾入肩帶。

胸前片（正面）

③車縫。

胸前片（背面）

1

④在弧邊處剪牙口。

肩帶（正面）

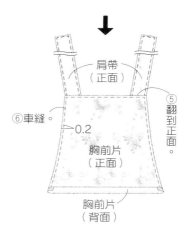

肩帶（正面）

⑥車縫。

0.2

⑤翻到正面。

胸前片（正面）

胸前片（背面）

4. 製作口袋

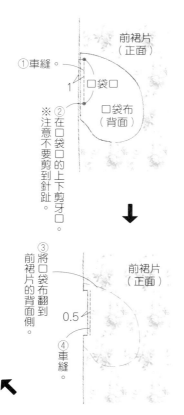

①車縫。

前裙片（正面）

口袋口

1

口袋布（背面）

※②注意不要剪到針趾。在口袋口的上下剪牙口。

③將口袋布翻到前裙片的背面側。

前裙片（正面）

0.5

④車縫。

1. 貼上接著膠帶

①依圖示位置貼上接著膠帶。

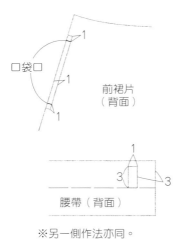

1

口袋口

1

1

前裙片（背面）

1

3 3

腰帶（背面）

※另一側作法亦同。

2. 製作肩帶・綁帶

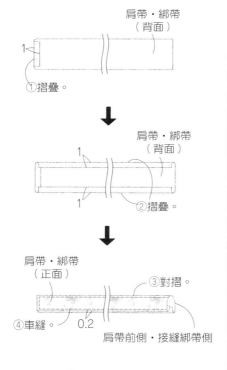

肩帶・綁帶（背面）

1

①摺疊。

肩帶・綁帶（背面）

1

1

1

②摺疊。

肩帶・綁帶（正面）

③對摺。

④車縫。

0.2

肩帶前側・接縫綁帶側

3. 製作胸前片

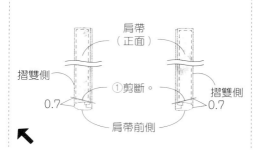

肩帶（正面）

摺雙側

①剪斷。

摺雙側

0.7

0.7

肩帶前側

裁布圖

※肩帶、腰帶及綁帶無原寸紙型，請依標示尺寸（已含縫份）直接裁剪。

※■…M・■…L・■…通用

參考尺寸 M：身高158cm

L：身高166cm

胸前片

肩帶 73cm・77cm×9cm

腰帶 75cm×8cm

前裙片

220cm

摺雙

口袋布

口袋布

表布（正面）

綁帶 62cm×7.6cm

後裙片

110cm

6.接縫腰帶・胸前片

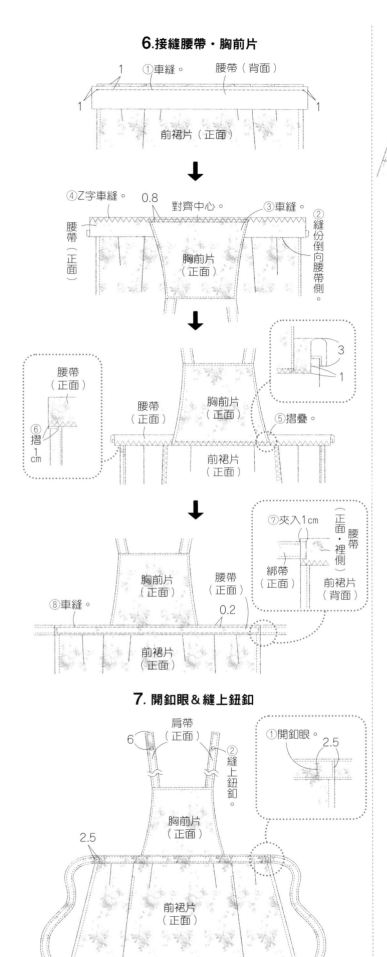

①車縫。　腰帶（背面）

1　1

前裙片（正面）

④Z字車縫。　0.8　對齊中心。　③車縫。

②縫份倒向腰帶側。

腰帶（正面）

胸前片（正面）

3　1

腰帶（正面）

⑥摺1cm

腰帶（正面）　胸前片（正面）　⑤摺疊。

前裙片（正面）

⑦夾入1cm　正面・裡側　腰帶

綁帶（正面）　前裙片（背面）

⑧車縫。　胸前片（正面）　腰帶（正面）　0.2

前裙片（正面）

7. 開釦眼＆縫上鈕釦

肩帶（正面）

6　①開釦眼。　2.5

②縫上鈕釦。

2.5

胸前片（正面）

前裙片（正面）

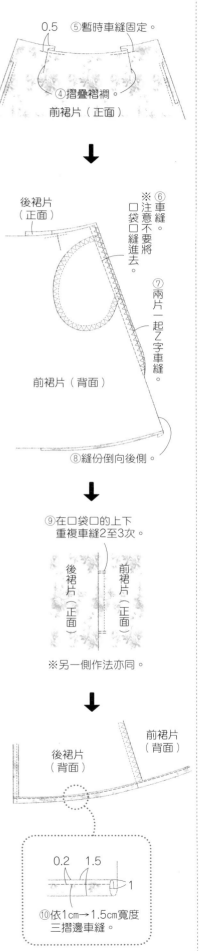

0.5　⑤暫時車縫固定。

④摺疊褶襉。

前裙片（正面）

後裙片（正面）

※注意不要將口袋口縫進去。

⑥車縫。口袋口

⑦兩片一起Z字車縫。

前裙片（背面）

⑧縫份倒向後側。

⑨在口袋口的上下重複車縫2至3次。

後裙片（正面）　前裙片（正面）

※另一側作法亦同。

後裙片（背面）　前裙片（背面）

0.2　1.5　1

⑩依1cm→1.5cm寬度三摺邊車縫。

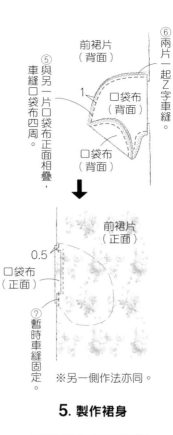

前裙片（背面）

⑥兩片一起Z字車縫。

⑤與另一片口袋布正面相疊，車縫口袋布四周，

1　口袋布（背面）

口袋布（背面）

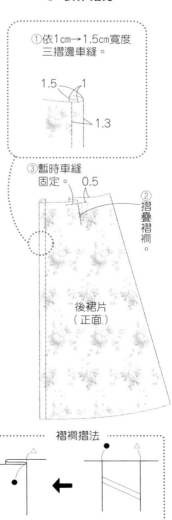

前裙片（正面）

0.5　1

口袋布（正面）

⑦暫時車縫固定。

※另一側作法亦同。

5. 製作裙身

①依1cm→1.5cm寬度三摺邊車縫。

1.5　1　1.3

③暫時車縫固定。　0.5

②摺疊褶襉。

後裙片（正面）

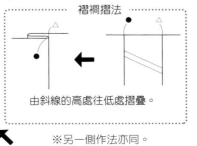

褶襉摺法

由斜線的高處往低處摺疊。

※另一側作法亦同。

完成尺寸
寬28×高32cm
（提把58cm）

原寸紙型
無

材料
表布（棉布）80cm×55cm
裡布（棉布）65cm×80cm
配布（棉布）80cm×30cm
接著襯（中薄）65cm×35cm
塑膠四合釦 14mm 1組

2. 製作裡本體

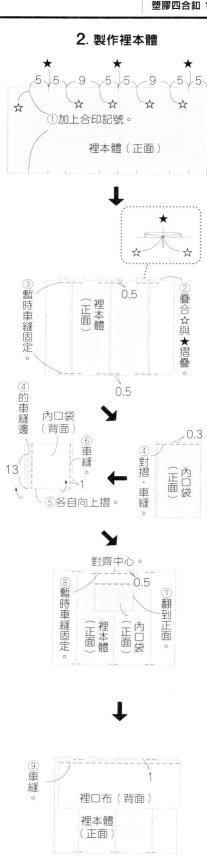

①加上合印記號。
裡本體（正面）
5 5 9 5 5 9 5 5

②疊合☆與★摺疊。
③暫時車縫固定。
裡本體（正面）
0.5
0.5

④對摺，車縫。
內口袋（正面）
0.3
⑤各自向上摺。
內口袋（背面）
⑥車縫。
13
1
④的車縫邊

對齊中心。
⑦翻到正面。
⑧暫時車縫固定。
裡本體（正面）
內口袋（正面）
0.5

⑨車縫。
裡口布（背面）
裡本體（正面）
1

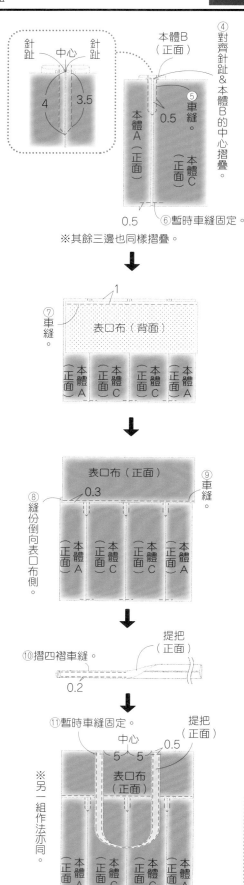

④對齊針趾&本體B的中心摺疊。
針趾 中心 針趾
4 3.5
本體B（正面）
⑤車縫。
本體A（正面）
本體C（正面）
0.5
0.5
⑥暫時車縫固定。
※其餘三邊也同樣摺疊。

⑦車縫。
表口布（背面）
本體A（正面） 本體C（正面） 本體C（正面） 本體A（正面）
1

⑧縫份倒向表口布側。
表口布（正面）
0.3
本體A（正面） 本體C（正面） 本體C（正面） 本體A（正面）
⑨車縫。

⑩摺四褶車縫。
提把（正面）
0.2

⑪暫時車縫固定。
提把（正面）
中心
0.5
5 5
表口布（正面）
本體A（正面） 本體C（正面） 本體C（正面） 本體A（正面）
※另一組作法亦同。

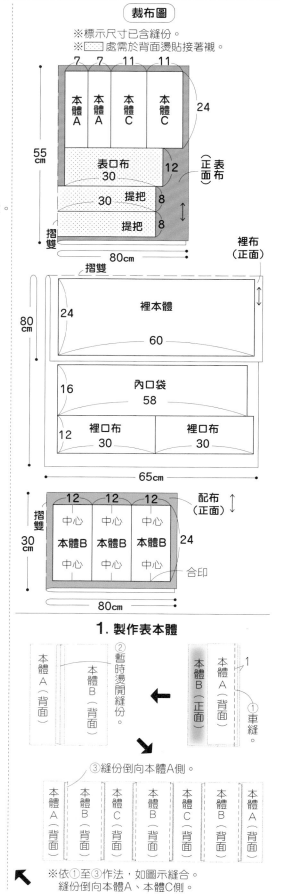

裁布圖
※標示尺寸已含縫份。
※□□□處需於背面燙貼接著襯。

7 7 11 11
本體A 本體A 本體C 本體C
24
55cm
表口布 30
12
提把 30 8
提把 8
摺雙
80cm
表布（正面）

摺雙
裡本體
24 60
80cm
內口袋
16 58
裡口布 30 / 裡口布 30
12
65cm
裡布（正面）

12 12 12
中心 中心 中心
本體B 本體B 本體B
中心 中心 中心
24
30cm
摺雙
80cm
配布（正面）
合印

1. 製作表本體

本體A（背面）
本體B（背面）
①車縫。
②暫時燙開縫份。
本體B（正面）
本體A（背面）
1

③縫份倒向本體A側。
本體A（背面） 本體B（背面） 本體C（背面） 本體B（背面） 本體C（背面） 本體B（背面） 本體A（背面）

※依①至③作法，如圖示縫合。
縫份倒向本體A、本體C側。

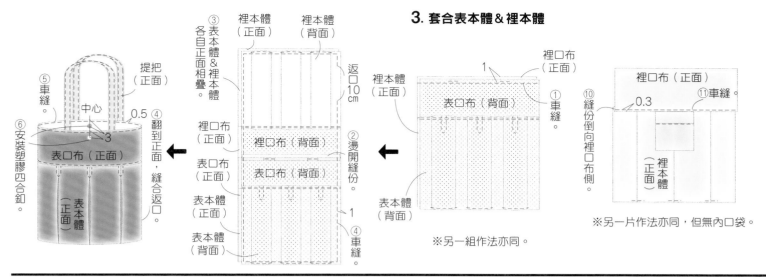

3. 套合表本體＆裡本體

提把（正面）

⑤車縫。

中心

0.5 ④翻到正面，縫合返口。

⑥安裝塑膠四合釦。

表口布（正面）

表本體（正面）

③表本體＆裡本體各自正面相疊。

裡本體（正面）

裡本體（背面）

裡口布（正面）

裡口布（背面）

表口布（正面）

表本體（正面）

表本體（背面）

返口10cm

②燙開縫份。

①車縫

④車縫。

裡口布（正面）

表口布（背面）

①車縫。

表本體（背面）

※另一組作法亦同。

裡口布（正面）

⑩縫份倒向裡口布側。

裡本體（正面）

裡口布（正面）

0.3 ⑪車縫

裡本體（正面）

※另一片作法亦同，但無內口袋。

完成尺寸	材料	P.50_ No.**36**
寬10.5×高7.5cm	表布（平織布）35cm×50cm 裡布（平織布）35cm×30cm 接著鋪棉（薄·spider-80）35cm×30cm 接著襯（薄）40cm×25cm 塑膠四合釦 14mm 1組	**卡片包**

原寸紙型

D面

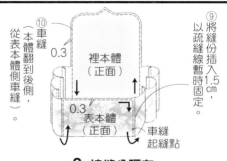

⑩車縫（本體翻到後側，從表本體側車縫）。

裡本體（正面）

0.3

表本體（正面）

0.3

⑨將縫份插入暫時1.5cm，以疏縫線固定。

車縫起縫點

2. 接縫分隔布

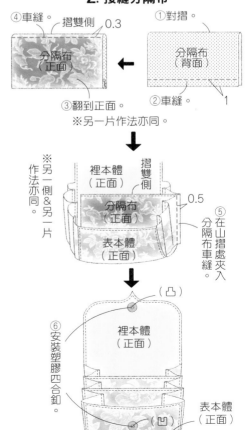

④車縫

摺雙側 0.3

分隔布（正面）

③翻到正面。

①對摺。

分隔布（背面）

②車縫。

1

※另一片作法亦同。

裡本體（正面）

摺雙側

分隔布（正面）

0.5

表本體（正面）

※另一側＆另一片作法亦同

⑤在山摺處夾入分隔布車縫。

（凸）

⑥安裝塑膠四合釦。

裡本體（正面）

表本體（正面）

（凹）

---

1. 製作本體

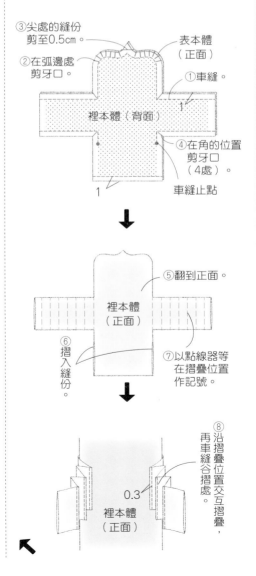

③尖處的縫份剪至0.5cm。

②在弧邊處剪牙口。

①車縫

表本體（正面）

裡本體（背面）

1

④在角的位置剪牙口（4處）。

車縫止點

1

⑤翻到正面。

裡本體（正面）

⑥摺入縫份。

⑦以點線器等在摺疊位置作記號。

⑧沿摺疊位置交互摺疊，再車縫谷摺處。

0.3

裡本體（正面）

掃QR Code
看作法影片！

https://youtu.be/PW4N4r1IzHc

（裁布圖）

※分隔布無原寸紙型，請依標示尺寸（已含縫份）直接裁剪。

※□處需於背面燙貼接著襯。

□處需於背面燙貼接著鋪棉。

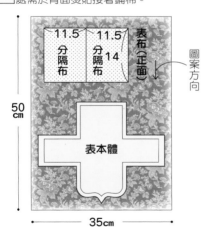

11.5 分隔布 | 11.5 分隔布 | 14 | 表布（正面）

圖案方向

50cm

表本體

35cm

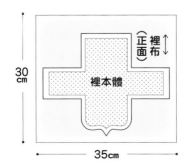

正面 裡布

30cm

裡本體

35cm

橫長迷你包

完成尺寸
寬23×高8×側身4.5cm
（提把20cm）

原寸紙型
無

材料
表布（棉布）80cm×10cm
配布（棉布）80cm×20cm
裡布（棉布）80cm×20cm
接著鋪棉 80cm×30cm
塑鋼拉鍊（Vislon Zipper）30cm 1條

---

4. 製作本體

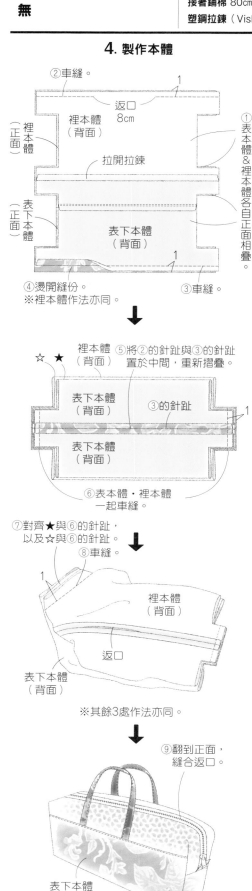

②車縫。

1

返口
8cm

裡本體（背面）

①表本體＆裡本體各自正面相疊。

表本體（正面）

拉開拉鍊

裡本體（正面）

表下本體（背面）

表下本體（正面）

③車縫。

④燙開縫份。
※裡本體作法亦同。

⑤將②的針趾與③的針趾置於中間，重新摺疊。

☆ ★

裡本體（背面）

表下本體（背面）

③的針趾

表下本體（背面）

1

⑥表本體・裡本體一起車縫。

⑦對齊★與⑥的針趾，以及☆與⑥的針趾。

⑧車縫。

1

裡本體（背面）

返口

表下本體（背面）

※其餘3處作法亦同。

⑨翻到正面，縫合返口。

表下本體（正面）

---

2. 製作耳絆

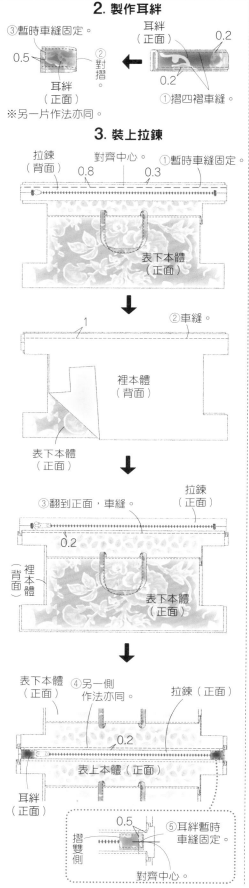

③暫時車縫固定。

耳絆（正面）

0.2

0.5

②對摺。

耳絆（正面）

0.2

①摺四褶車縫。

※另一片作法亦同。

3. 裝上拉鍊

拉鍊（背面）

對齊中心。

①暫時車縫固定。

0.8

0.3

表下本體（正面）

②車縫。

1

裡本體（背面）

表下本體（正面）

③翻到正面，車縫。

拉鍊（正面）

0.2

裡本體（背面）

表下本體（正面）

表下本體（正面）

④另一側作法亦同。

拉鍊（正面）

0.2

表上本體（正面）

耳絆（正面）

0.5

摺雙側

⑤耳絆暫時車縫固定。

對齊中心。

（裁布圖）

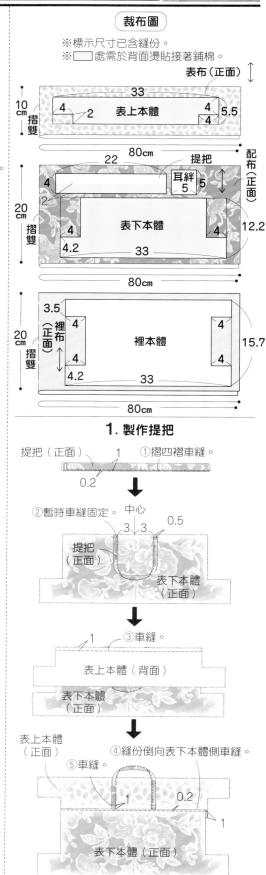

※標示尺寸已含縫份。
※□處需於背面燙貼接著鋪棉。

表布（正面）

10cm 摺雙

33

4 2 表上本體 4 5.5
4

配布（正面）

80cm

22 提把

4 耳絆 5 5

2

20cm 摺雙

表下本體

4 4

4.2 33

80cm

裡布（正面）

3.5

4

20cm 摺雙

裡本體

4

4 4

4.2 33

80cm

1. 製作提把

提把（正面）

1

①摺四褶車縫。

0.2

②暫時車縫固定。 中心

3 3 0.5

提把（正面）

表下本體（正面）

1

③車縫。

表上本體（背面）

表下本體（正面）

表上本體（正面）

④縫份倒向表下本體側車縫。

⑤車縫。

1

0.2

1

表下本體（正面）

※另一片作法亦同。

完成尺寸	材料	P.37_ No.25
寬7×高12.5cm	表布（亞麻布）20cm×20cm	**兔子玩偶**

完成尺寸
寬7×高12.5cm

原寸紙型
B面 或 **下載**
下載方法參見P.62

材料
表布（亞麻布）20cm×20cm
配布（棉布）5cm×5cm
鈕釦 6mm 1個／**毛球** 1個／**填充棉** 適量
DMC25號繡線（#356．鮭魚色）適量

P.37_ No.25
兔子玩偶

〔裁布圖〕

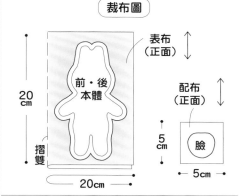

表布（正面）
前・後本體
配布（正面）
臉
20cm　摺雙　20cm
5cm　5cm

1. 製作本體

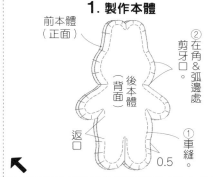

前本體（正面）
②在角＆弧邊處剪牙口
後本體（背面）
①車縫
返口
0.5

2. 完成

①在臉＆耳朵上刺繡。
②以棉花棒抹上腮紅。

後本體（正面）
⑧縫上毛球。
前本體（正面）

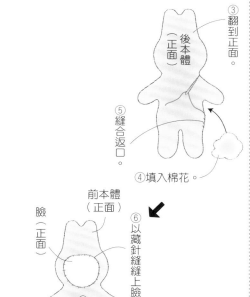

③翻到正面。
後本體（正面）
⑤縫合返口。
④填入棉花。
前本體（正面）
臉（正面）
⑥以藏針縫縫上臉。
⑦縫上鈕釦。

完成尺寸	材料（ ■…S・■…M・■…通用 ）	P.53_ No.41

完成尺寸
寬12×高7×側身8cm
寬15×高8.5×側身10cm

原寸紙型
D面 或 **下載**
下載方法參考P.62

材料（ ■…S・■…M・■…通用 ）
表布（平織布）50cm×25cm・60cm×25cm
裡布（平織布）50cm×20cm・60cm×20cm
接著鋪棉 50cm×25cm
鈕釦 15mm 2個

P.53_ No.41
布提籃S・M

〔裁布圖〕
※■…S・■…M・■…通用
※提把無原寸紙型，請依標示尺寸（已含縫份）直接裁剪。

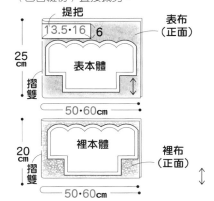

提把
13.5・16　6
表布（正面）
表本體
25cm　摺雙　50・60cm

裡布（正面）
裡本體
20cm　摺雙　50・60cm

1. 製作提把

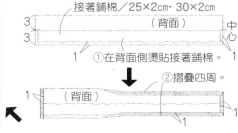

接著鋪棉／25×2cm・30×2cm
（背面）
中心
①在背面側燙貼接著鋪棉。
②摺疊四周。
（背面）

2. 製作本體

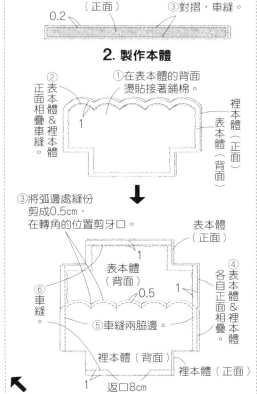

（正面）
0.2
③對摺，車縫。
①在表本體的背面燙貼接著鋪棉。
②表本體＆裡本體正面相疊車縫。
裡本體（正面）
表本體（正面）
裡本體（背面）

③將弧邊處縫份剪成0.5cm，在轉角的位置剪牙口。
表本體（正面）
表本體（背面）
⑥車縫
⑤車縫兩脇邊。
0.5
④各自正面相疊表本體＆裡本體
裡本體（背面）
裡本體（正面）
返口8cm

3. 接縫提把

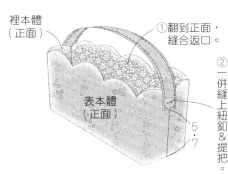

⑦燙開脇邊＆底部縫份。
脇邊
表本體（背面）
⑧對齊脇邊線＆底線車縫。
1
※另一側＆裡本體作法亦同。

裡本體（正面）
①翻到正面，縫合返口。
②一併縫上鈕釦＆提把。
表本體（正面）
5・7

完成尺寸
寬33×高24cm
（提把26cm）

原寸紙型
D面

材料
表布（平織布）70cm×55cm
裡布（平織布）70cm×55cm
接著襯（薄）70cm×55cm

---

⑤燙開縫份。

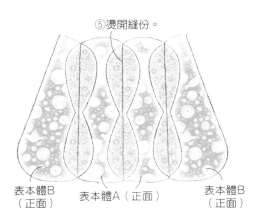

表本體B
（正面）　表本體A（正面）　表本體B
（正面）

※其餘4組的本體A・B作法亦同。

4. 接縫提把

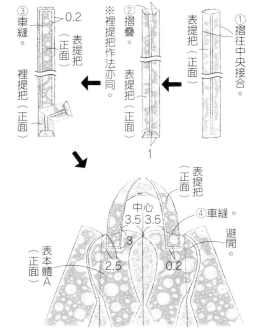

③車縫。　0.2
裡提把（正面）
②摺疊。
表提把（正面）
※裡提把作法亦同。
①摺往中央接合。
表提把（正面）
表提把（正面）
1
1

表提把（正面）
中心
3.5　3.5
3
2.5　0.2
④車縫。
避開。
表本體A（正面）

※另一側作法亦同。

5. 對齊本體

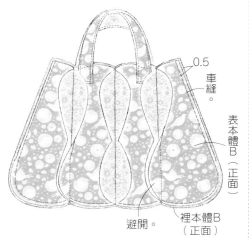

0.5
車縫。
表本體B（正面）
避開。
裡本體B（正面）

---

3. 疊縫本體A・B

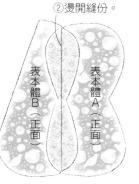

①車縫。
裡本體A（正面）
表本體B（正面）

②燙開縫份。

表本體B（正面）
表本體A（正面）

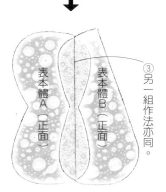

表本體A（正面）
表本體B（正面）
③另一組作法亦同。

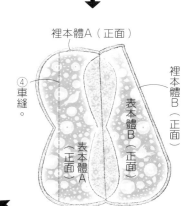

裡本體A（正面）
④縫合。
④車縫。
裡本體B（正面）
表本體B（正面）
表本體A（正面）

※提把無原寸紙型，請依標示的尺寸
　（已含縫份）直接裁剪。
※▭處需於背面燙貼接著襯（僅表布）。

表・裡布（正面）
※裡布裁法相同。

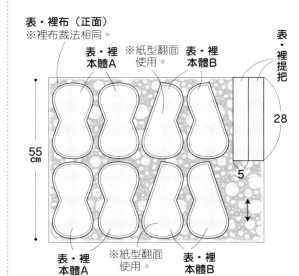

表・裡本體A　※紙型翻面使用。　表・裡本體B　表・裡提把
28
5
55cm
表・裡本體A　※紙型翻面使用。　表・裡本體B
70cm

---

1. 製作本體A

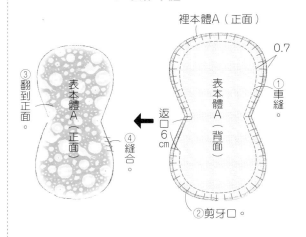

裡本體A（正面）
0.7
①車縫。
③翻到正面。
返口6cm
④縫合。
表本體A（背面）
②剪牙口。

2. 製作本體B

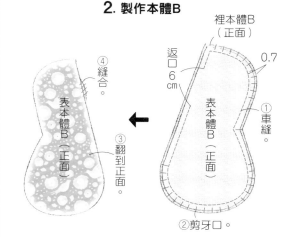

裡本體B（正面）
0.7
①車縫。
返口6cm
④縫合。
③翻到正面。
表本體B（正面）
②剪牙口。

完成尺寸

寬20×高16.5cm
（提把14cm）

原寸紙型

D面

材料

表布（平織布）40cm×40cm

裡布（平織布）40cm×40cm

接著襯（薄）40cm×40cm

磁釦 14mm 1組

6片拼接迷你包

裡本體（正面）

②燙開縫份。

表本體（正面）

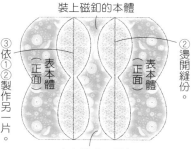

裝上磁釦的本體

③依①②製作另一片。

表本體（正面）

表本體（正面）

②燙開縫份。

表本體（正面）

※其餘3組的本體作法亦同。

3. 接縫提把

①摺往中央接合。

提把（正面）

②摺疊。
提把（正面）1

③對摺。
提把（正面）
0.2
④車縫。

提把（正面）

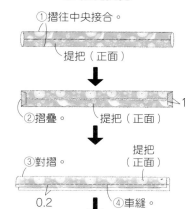

⑤縫合。

中心 3.5│3.5
2 針趾側

裡本體（正面）

※另一側作法亦同。

4. 對齊本體

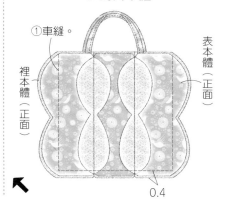

①車縫。

裡本體（正面）
表本體（正面）

0.4

※提把無原寸紙型，請依標示的尺寸
（已含縫份）直接裁剪。

※□ 處需於背面燙貼接著襯（僅表布）。

表・裡布（正面）
※裡布裁法相同。

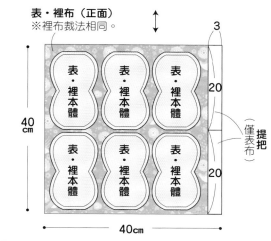

3

表・裡本體

表・裡本體

表・裡本體

20

40cm

表・裡本體

表・裡本體

表・裡本體

20

（提把 僅表布）

40cm

1. 安裝磁釦

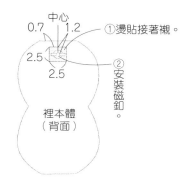

中心
0.7 1.2
2.5
2.5
2.5

①燙貼接著襯。

②安裝磁釦。

裡本體（背面）

2. 製作本體

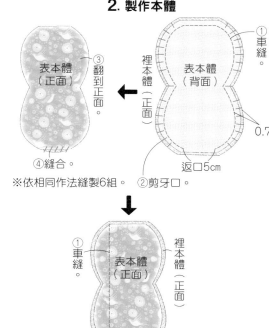

①車縫。

裡本體（背面）

③翻到正面。

表本體（正面）

④縫合。

②剪牙口。

返口5cm

0.7

※依相同作法縫製6組。

①車縫。

表本體（正面）
裡本體（正面）

磁釦安裝方法

墊片
（背面）
磁釦安裝位置

①將墊片中心的圓孔對齊磁釦安
裝位置，畫縱向線作記號。

（背面）
①的記號

②對摺本體，在記號處剪切口。

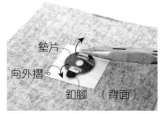

墊片
向外摺。
釦腳 （背面）

③釦腳從表側插入切口，套上
墊片，以鉗子將釦腳摺向兩
側。

SEE YOU NEXT EDITION!

雅書堂　　搜尋
www.elegantbooks.com.tw

Cotton friend 手作誌
Spring Edition
2023 vol.60

國家圖書館出版品預行編目 (CIP) 資料

和煦春日曬包去！：經典又別緻的輕便隨行包 . 後背包 .
托特包 / BOUTIQUE-SHA 授權；周欣芃，瞿中蓮譯 .
-- 初版 . -- 新北市：雅書堂文化事業有限公司，2023.05
　面；　　公分 . -- (Cotton friend 手作誌；60)
ISBN 978-986-302-671-6(平裝)

1.CST: 手提袋 2.CST: 手工藝

426.7　　　　　　　　　　　　　　　112004950

和煦春日曬包去！
經典又別緻的輕便隨行包‧後背包‧托特包

授權	BOUTIQUE-SHA
譯者	周欣芃 ‧ 瞿中蓮
社長	詹慶和
執行編輯	陳姿伶
編輯	劉蕙寧‧黃璟安‧詹凱雲
美術編輯	陳麗娜‧周盈汝‧韓欣恬
內頁排版	陳麗娜‧造極彩色印刷
出版者	雅書堂文化事業有限公司
發行者	雅書堂文化事業有限公司
郵政劃撥帳號	18225950
郵政劃撥戶名	雅書堂文化事業有限公司
地址	新北市板橋區板新路 206 號 3 樓
網址	www.elegantbooks.com.tw
電子郵件	elegant.books@msa.hinet.net
電話	(02)8952-4078
傳真	(02)8952-4084

2023 年 5 月初版一刷　定價／ 420 元

STAFF	日文原書製作團隊
編輯長	根本さやか
編輯	渡辺千帆里　川島順子　濱口亜沙子
編輯協力	安彦友美　松井麻美　浅沼かおり
攝影	回里純子　腰塚良彦　藤田律子
造型	西森 萌
妝髮	タニジュンコ
視覺＆排版	みうらしゅう子　松本真由美　牧 陽子　和田充美
繪圖	並木愛　爲季法子　三島恵子　高田翔子
	星野喜久代　松尾容巳子　宮路睦子　諸橋雅子
紙型製作	山科文子
校對	澤井清絵
摹寫	白井郁美　榊原由香里

經銷／易可數位行銷股份有限公司
地址／新北市新店區寶橋路 235 巷 6 弄 3 號 5 樓
電話／ (02)8911-0825
傳真／ (02)8911-0801